*i*blu **pagine di scienza**

Vittorio Marchis

Storie di cose semplici

 Springer

VITTORIO MARCHIS
Politecnico di Torino

ISBN 978-88-470-0816-8
e-ISBN 978-88-470-0817-5

Springer-Verlag fa parte di Springer Science+Business Media
springer.com
© Springer-Verlag Italia, Milano 2008

Collana ideata e curata da: Marina Forlizzi

Redazione: Barbara Amorese
Progetto grafico e impaginazione: Valentina Greco, Milano
Progetto grafico della copertina: Simona Colombo, Milano
Immagine di copertina: Vittorio Marchis
Stampa: Grafiche Porpora, Segrate (Milano)

Stampato in Italia
Springer-Verlag Italia S.r.l., via Decembrio 28, I-20137 Milano

Indice

□ □ □

Le cose, un prologo

Le cose? è un titolo intrigante, ma che può portare fuori strada… voi in realtà non avete scritto un libro sulle cose, ma un
libro sulla felicità…

Così il periodico *Les Lettres Françaises* nel 1965 incominciava
un'intervista a Georges Perec, che aveva appena scritto un libro
con questo titolo. E l'autore rispondeva:

Io penso che esista un rapporto obbligato tra le cose del
mondo moderno e la felicità. Una certa ricchezza della nostra
civilization rende possibile questo tipo di felicità…

Non si è riusciti a tradurre la parola *civilization* perché essa contiene un po' della nostra civiltà, e anche della nostra cultura, e
forse anche qualcosa di più nascosto e di più intimo. E subito il
richiamo di un'altra eco è fortissimo, eco che sempre proviene
dalla Francia e che appare tra le parole chiave che Roland Barthes
pone al centro delle sue *Mitologies*. Siamo al culmine del miracolo economico e le cose semplici stanno scomparendo di fronte
alla "civiltà delle macchine", che è anche il titolo della prestigiosa
rivista, fondata da Giuseppe Luraghi e da Leonardo Sinisgalli.
  Sul *Grande Dizionario della Lingua Italiana* di Salvatore
Battaglia (Torino : Utet, 1964) il lemma "cosa" predilige la natura
filosofica del concetto.

Nome indeterminato e di valore semantico estesissimo che
indica in modo generico ogni elemento di quanto esiste, sia
nella realtà sia nell'immaginazione, tanto concreto quanto
astratto.

Che le cose siano "cose", e soprattutto che esse siano materiali, pesanti, ingombranti, sensibili al tatto e a tutti i cinque sensi, non emerge di certo in maniera sensibile. Nelle specificazioni che seguono, sempre nel medesimo *Dizionario*, appaiono le "cose belle", la "cosa celeste", la "cosa divina", la "minima cosa", le "presenti cose", la "cosa creata", le "cose naturali", la "cosa cara", le "cose incorporali", la "cosa in sé", la "cosa pubblica", la "cosa animata", la "cosa terrena", le "segrete cose", le "cose mondane", la "cosa sperata", le "cose temporali", le "cose morte" e si potrebbe continuare su questa linea per colonne e colonne.

Che la "cosa" sia "oggetto naturale, corpo, oggetto materiale" subito sfuma dietro al fatto che "nell'uso filosofico, è oggetto nella sua essenza, nella sua sostanza". "Cose da Turchi" si potrebbe affermare senza essere politicamente scorretti, perché, come dice il Fagiuoli nelle sue *Rime piacevoli* (Colle, 1827), a sua volta citato dal già nominato Battaglia, "Io mi strabilio della vostra avarizia: stimar più la robba che il sangue! – cose da Turchi!". Perché allora non parlare di "roba" e non di cose? Ma qui le singole cose interessano non la loro dimensione collettiva né tanto meno universale.

"Una casa piena di roba come la mia!…" aveva detto Mastro Don Gesualdo all'inizio del romanzo di Verga, ma non è la roba che ci interessa, quella su cui al termine dei suoi giorni "insisteva, voleva disporre della sua roba, come per attaccarsi alla vita, per far atto d'energia e di volontà".

Qui si intende portare l'attenzione a quelle piccole cose, che forse potremmo persino definire *nugae*, che occupano l'angolo di un cassetto, di cui non si riconosce che il valore affettivo, come di un ricordo che ha bisogno di aggrapparsi alla materia.

Sul *Dizionario Analogico della Lingua Italiana* (Garzanti, Milano 2001) non appare il lemma "cosa", ma solo "oggetto" e qui il grappolo delle parole si allarga: cosa, roba, affare, coso, attrezzo, utensile, arnese, aggeggio, congegno ordigno, marchingegno, accessorio, suppellettile, gingillo, ninnolo, carabattola, ammennicolo, cianfrusaglia, minutaglia, ciarpame, materiale, articolo, pezzo. Le "persone" che si relazionano agli oggetti (e forse anche alle cose, ma non si sa mai) sono in questo *Dizionario* classificate come trovarobe, collezionisti e feticisti. Ma torniamo alle cose reali.

Quando il mondo si restringe, quando si è costretti a vivere nelle condizioni estreme, allora anche le cose minime riacquistano la loro piena dignità.

Eccomi dunque sul fondo. A dare un colpo di spugna al passato e al futuro si impara assai presto, se il bisogno preme. Dopo quindici giorni dall'ingresso, già ho la fame regolamentare, la fame cronica sconosciuta agli uomini liberi, che fa sognare di notte e siede in tutte le membra dei nostri corpi; già ho imparato a non lasciarmi derubare, e se anzi trovo in giro un cucchiaio, uno spago, un bottone di cui mi possa appropriare senza pericolo di punizione, li intasco e li considero miei di pieno diritto.

(*Se questo è un uomo*, Primo Levi)

Le cose ci circondano, viviamo per le cose, consumiamo le cose e cose concrete facciamo, spesso senza accorgerci: ma anche in questo caso, solo della loro natura fisica e concreta si vuole argomentare, semmai andando a curiosare del perché e del come da un oggetto si possa passare a un'idea.

Diceva Giordano Bruno (*De l'infinito universo e mondi*) che "due sono gli principi essenziali delle cose: la materia e la forma" e più oltre che "la materia dell'arte è una cosa formata già della natura, poscia che l'arte non può oprare se non nella superficie delle cose formate dalla natura, come legno, ferro, pietra, lana e cose simili".

Galileo Galilei nel *Saggiatore* afferma che "prima furon le cose e poi i nomi" e sembra quasi che riecheggi l'*expedit* del famoso *Nome della rosa* di Umberto Eco con quel suo "*stat rosa pristina nomine…*". Ma che la rosa sia una cosa è assai discutibile nello spirito di quanto invece si vorrebbe dimostrare in questo breve saggio.

Nel 1613 veniva ristampato a Venezia un libretto intitolato *Della famosissima Compagnia della Lesina. Dialogo, Capitoli e Ragionamenti. Con la giunta d'una nuova Riforma, Additione, & Assottigliamento in tredici punture d'essa LESINA. Alla quale s'è rifatto il Manico in trenta modi, et dopo quelli in venti altri, venuto meno per l'uso continuo de' Fratelli. Appresso poi si danno cinquantacinque Ricordi di Filocerdo de' Risparmiati. Et infine in tredici Spaghi di M. Uncino Tanaglia, & la cassettina da riporvi la lesina. Dove si tratta di novi,*

DELLA
FAMOSISSIMA COMPAGNIA DELLA
LESINA
Dialogo, Capitoli, e Ragionamenti.

CON *L'ASSOTTIGLIAMENTO*
in tredici Punture della punta d'essa
LESINA.

Alla quale s'è rifatto il Manico in trenta modi,
& doppo quelli in venti altri.

Dai fi danno cinquantacinque Ricordi di Filocerdo de' Risparmiati, Tredici Spaghi di M.Uncino Tanaglia, La Cassettina da riporvi la LESINA, Et vtilissimi precetti della Compagnia a' suoi Massari.

Con la nuova Aggiunta del modo di ricevere li Nouitij
Delle pene debite a' Cattiui LESINANTI,
Di tre Consulti delle Matrone per entrare in
questa Compagnia. E de gli Auuertimenti
sopra le malitie de' Contadini.

POST INSIEME DALL'ACADEMICO SPECVLATIVO,
E raccolti dallo Economo della Spilorceria.

CON LA TAVOLA DELLE COSE PIV NOTABILI.

L'ASSOTTIGLIARLA PIV

MEGLIO ANCHE FORA.

IN VENETIA, Appresso Lucio Spineda. 1613.

& utilissimi precetti dati dalla Compagnia a' suoi Massai. Con la Tavola delle cose più notabili. Raccolti dall'Economo della Spilorceria, che già era apparso negli ultimi anni del XV secolo e che continuerà ad avere un discreto successo. In questo libretto si raccontava di una compagnia di avari che aveva come simbolo una lesina, per l'abitudine, tra le altre spilorcerie, di ripararsi le scarpe da sé, e proprio le cose, gli attrezzi e gli strumenti di questi strani "compagni" diventano una metafora materiale del viver comune e delle singolari banalità della vita: prima di tutti la lesina, il punteruolo usato dai ciabattini, e poi tanti altri "arnesi necessari".

Le "cose" a cui si guarda in questo libro, e che spesso chiamiamo oggetti, ancora nella loro natura semplice e concreta, sono i prodotti di un'arte o di una tecnica, che poi sono la stessa cosa, perché parlando di arte e tecnica, l'una proviene dall'ars latina, e l'altra dalla techne greca, ma sempre trattasi di un'azione che modifica lo stato e la forma di una materia. E il fare è sempre alle origini della natura dell'homo faber, anche nelle situazioni più estreme.

Nel gergo carcerario e della malavita molte sono le cose che diventano metafore di altre cose, o persone o azioni. Così l'archett a Milano era il fucile, bandiera è la latitanza, a Roma e a Napoli la berretta è un anno di galera. Bidone, lo sappiamo bene, è un raggiro, butun (bottone in piemontese) è il soldo, campana è il palo, corda è la polizia in molte città italiane, dal nord al sud, coupon è la pena, cravatta il pedinamento, cubo è un milione (di lire, quando c'erano), fazzoletto è un assegno in bianco. Fibbia è una lettera clandestina, il filo è la paura, la forbice, ma anche il gancio, soprattutto a Napoli, è il borseggio, il furto di destrezza. Incudine è il carabiniere che diventa ancüs in Piemonte e incumià a Napoli. Se si fa la lanterna si inganna il complice; lenza è una persona furba, mentre la lasagna è il portafoglio. Lima è la camicia, per la sua ruvidezza. Martello è il martedì secondo il trattato Mala vita di Emanuele Mirabella (Napoli, 1910), che ebbe la prefazione di Cesare Lombroso. Palla è la bottiglia, parafanghi a Palermo son le orecchie, pinza è la mano. Pistola è persona di poco conto, raspa è la giacca. Scarpa è il borsaiolo, segatura il tabacco, sfera, in Calabria, il coltello a serramanico. La spada è una chiave duplicata mentre lo specchio è il confronto diretto tra ladro e derubato. Tamburo è il camorrista e tarocco un furto ben riuscito. Tubo a Roma è un litro di vino, mentre a Trieste è un agente di polizia; vasetto è il pederasta. Dal francese voler, rubare, deriva l'uso di chiamar *violino* il furto con destrezza. E per finire con la zeta, *zampogna* è il corredo carcerario, *zappa* è un raggiro calabrese e *zolfanello* è l'uomo che, come ricorda Ernesto Ferrero, è una "stilizzazione di *fin-de-siècle*, che anticipa il livellamento della personalità nella società di massa contemporanea".

Roba è – naturalmente – la merce di contrabbando. In realtà la *roba*, o *robba*, che in ladino e provenzale è *rauba*, si collega alla *robe* dei francesi e alla *rouba* dell'antico spagnolo e portoghese. La tarda latinità aveva il termine *rauba* che sembra derivasse dal germanico *roub, raup*, ma anche *roub* e *raub*, e dal frisone *rôf*, parole che indicavano il bottino di guerra. Di qui il nostro *rubare*. In seguito la roba assunse il significato più generale di cosa di qualche valore che si possiede, ma anche oggetto di vestiario, come nel moderno francese.

La "cosa" è in origine, almeno nella bassa latinità una *causa*, ovvero una cagione, e, come afferma il *Vocabolario Etimologico della Lingua Italiana* di Ottorino Pianigiani,

> in antico si disse *cosare* per causare, cagionare. Anche il tedesco *Sache* e il greco moderno *pràgma* valgono per *cagione* e *cosa*. In albanese dicesi *kafsce* o *kabsce* (plurale irregolare *chiusce*) che ha un'evidente relazione con *kjusc* (come, che?) e *kusc* (chi?).

"Cosa" è ciò che esiste, sia nell'ordine reale, sia in quello ideale e proprio da questo suo significato universale deve ricevere dal contesto la sua determinazione. Cosa rimane tale in spagnolo, portoghese e in quasi tutte le lingue neolatine, e il francese *chose* non fa eccezione.

Il latino classico per indicare la cosa (e le cose) ha invece il termine *res* che non è rimasta nell'italiano se non nei suoi composti e derivati, tra cui, per esempio, realizzare o anche la stessa repubblica, ossia la *res publica*, la cosa pubblica, ma si tratta più di un concetto che di una sostanza. Il greco antico per gli oggetti usava il termine *chrèma*, mentre il greco moderno per "cosa" usa il termine *pragma*, che nel greco classico ha piuttosto il significato di "azione". Nel greco moderno l'oggetto, la cosa si dice anche *andikìmeno*, come per esempio nella classica frase *tà apolesthèn-da andikìmena*, che significa "gli oggetti smarriti".

Il tedesco ha molte "cose" nel suo vocabolario. *Sache*, che deriva dalla radice gotica *sakan*, assume il significato più prossimo alla nostra *cosa*, in quanto derivata dal termine latino *causa*: *rechtssache* è la "causa processuale" nel linguaggio giuridico tedesco. *Ursache*, letteralmente la "prima cosa", significa ragione, origine, motivo. L'olandese *zaak* ha la medesima origine. *Ding* invece è una cosa più nel senso materiale e deriva da una antica radice germanica, da cui sono nati l'olandese *ding*, l'inglese *thing*, e il norvegese *ting*. Sempre in tedesco, *Gegenstand*, letteralmente ciò che sta di fronte, è l'oggetto materiale. Nello slang anglo-americano il termine *thing* assume vari significati: "my thing" è il proprio modo di vedere le cose, il proprio modo di essere, la propria simpatia e inclinazione; ma è anche, naturalmente in senso affettivo, il genitale femminile o maschile. *Thing* è l'eroina, la "roba".

Thing-a-ma-jig è un coso, un aggeggio, un arnese e, a questo proposito, a questa voce rispondono su Google ben 260.000 pagine Web. Qui, il *Free Dictionary by Farlex* definisce il *Thing-a-ma-jig* come "qualcosa di difficile da classificare e di cui si è dimenticato, o non si conosce, il nome". Ma non sempre queste "cose" sono semplici come vorrebbe la tradizione popolare, che vede in esse le carabattole che si vedono sui mercatini. La *Gladys Dwindlebimmers Ralston Gallery of the Unidentifiable* (http://www.dearauntnettie.com/gallery/museum-thingamajig.htm) riporta un *Elaborate Thingamajig* inglese datato 1887. Alto ben 91,8 cm è fatto di bronzo, oro, marmo, vetro, ottone, stagno, porcellana, nacre, lignum vitae e altri materiali. Per celebrare la Regina Vittoria fu commissionato dalla *London Charitable Ferryboat Mechanics*, e rappresenta un tripudio, o una specie di circo dove ballerine e operai, e onde a animali strani sorreggono il "genio del progresso". Sulla base sta scritto *Souvenir of Brighton Beach* e si dice che quando la Regina lo ricevette, disse:

> We are amused… we think. Or maybe we are honoured… or simply perplexed. May we think about this one for a while?[1]

"La prima cosa bella…" così incominciava il ritornello di una canzone di Mogol e Nicola di Bari, che fu prima nella hit parade del marzo 1970. Ripresa con discreto successo anche dal gruppo *I Ricchi e*

---

[1] Ci siamo divertiti… pensiamo. O forse siamo onorati… o semplicemente perplessi. Possiamo pensarci su per un po'?

Poveri, che diedero il loro contributo al brano arricchendolo di impasti vocali in stile *spiritual*, in realtà non si riferiva a un oggetto, ma "la prima cosa bella, che ho avuto dalla vita, è il tuo sorriso giovane, sei tu". Ritornerà anche nel repertorio di Fabio Concato.

La cosa da un altro mondo (*The Thing From Another World*) è un film del 1951 diretto da Howard Hawks e Christian Nyby. Il soggetto, tratto dal racconto *Who goes there?* di John W. Campbell Jr., narra di una "cosa" che precipita sull'Antartide. Presto si scopre che all'interno del disco volante c'è uno strano essere congelato, ma qualcosa ne provoca il risveglio. Il regista John Carpenter ne ha girato un *remake* nel 1982, con il titolo *The Thing*. Recentemente è apparso su YouTube una *lego version* del racconto di Campbell per la Horrid Films con la regia di Andy Thornbery. La "cosa" misteriosa venuta da un mondo conosciuto continua ad affascinare anche oggi e recentemente anche l'eroe dei fumetti *Ratman* ha avuto un'avventura con *La cosa venuta da Marte*.

Nella letteratura, la "cosa" continua a portare con sé tutto il fascino dell'ignoto.

C'erano una volta due bambine che videro, o credettero di vedere, una *Cosa* in una foresta

così incomincia il primo dei cinque racconti che dà anche il titolo alla raccolta *The Thing in the Forest* scritta da Atonia S. Byatt. Ma già nel 1983 Alberto Moravia aveva intitolato proprio *La cosa* una serie di sue venti "favole erotiche".

Umberto Galimberti ha pubblicato un saggio intitolato *Le cose dell'amore* (Feltrinelli, Milano 2004), ma di certo in esso non si parla di oggetti e forse nemmeno di uomini e di donne "oggetto". La complessità delle cose risiede probabilmente nel fatto che esse sono così semplici, così banali; e quando ci viene rimproverato che il termine "cosa" non vuol dire nulla, perché è troppo generico, è bene ricordare come sin dalla *Legge 1089* del 1939, che poneva le basi per una moderna gestione dei beni culturali del nostro Paese, si parlasse di "*cose* di interesse storico e artistico" perché i beni culturali sono "cose" materiali e reali, le quali proprio per la loro consistenza fisica sono alla base di un patrimonio.

Ma che cosa è una cosa? Fink nel 2007 ha scritto una canzone intitolata *This is the Thing*, apparsa nell'album *Distance and Time*:

I don't know if notice anything different
It's getting dark and it's getting cold and the nights are
getting long
And I don't know if you even notice at all
That I'm long gone

And the things that keep us apart
Keep me alive
And the things that keep me alive
Keep me alone
This is the thing

I don't know if you notice anything missing
Like the leaves on the trees or my clothes all over the floor
And I don't know if you even notice at all
'Cause I was real quiet when I closed the door

And the things that keep us apart
Keep me alive
And the things that keep me alive
Keep me alone
This is the thing

And I don't know if you notice anything different
I don't know if you even notice at all

This is the thing[2]

---

[2] Non so se noti qualcosa di diverso / si sta facendo buio e freddo e le notti
diventano lunghe / e io non so se te ne stai accorgendo / sono andato lontano / e le cose che si tengono distanti / mi tengono vivo / e le cose che mi
tengono vivo / mi fanno rimanere solo / questa è la cosa. / Io non so se ti
accorgi che manca qualcosa / come le foglie sugli alberi o i miei vestiti per
terra / e non so se te ne accorgi del tutto / perché tutto era davvero tranquillo
quando ho chiuso la porta / e le cose che ci tengono distanti mi tengono vivo /
e le cose che mi tengono vivo / mi fanno rimanere solo / questa è la cosa /
e non so se non noti qualcosa di diverso / non so se te ne accorgi del tutto. /
Questa à la cosa.

Che cosa sia esattamente una cosa, non è forse ancora del tutto chiaro, ma di sicuro la "cosa" è una delle componenti più essenziali della nostra esistenza.

Nel 1999 è apparsa una traduzione italiana (Garzanti, Milano) del saggio di Neil Gershenfeld, *Quando le cose iniziano a pensare* (*When Things Start to Think*). Così parla il suo autore che dirige il *Physics and Media Group del MediaLab* del prestigioso MIT di Boston:

> La tecnologia dell'informazione si trova in un curioso stadio evolutivo, nel quale è molto efficace nel comunicare le proprie necessità e quelle di altre persone, ma non è ancora in grado di anticipare le vostre. Da dove ci troviamo abbiamo due possibilità: staccare la spina e tornare a una società agricola – un'opzione intrigante, ma poco realistica – o portare la tecnologia talmente vicina alla gente da farla scomparire. Invece di tentare di realizzare computer ubiqui, dovremmo cercare di renderli meno invasivi. [...] Convivendo sempre più con le macchine, siamo destinati a essere frustrati dalle nostre stesse creature se queste mancheranno delle capacità fondamentali che noi diamo per scontate: avere un'identità, sapere qualcosa dell'ambiente circostante ed essere in grado di comunicare. Inoltre, queste macchine dovrebbero essere riprogettate a partire dall'assunto che il loro lavoro stia nel fare ciò che noi vogliamo, e non il contrario.

Ora, lasciamo da parte gli interrogativi intorno alle cose che penseranno, a cosa e come dovranno pensare. In una società che sempre più si avvia sulla strada profeticamente delineata da Italo Calvino nelle sue *Norton Lectures* (*Lezioni americane. Sei proposte per il prossimo millennio*, (Garzanti, Milano 1988), dove tutto è un tripudio di leggerezza, rapidità, esattezza, visibilità e molteplicità e dove tutto sembra realizzarsi in una realtà virtuosa perché virtuale, forse è bene anche ricordare che la *Sixth Lecture*, che Calvino si era proposto di scrivere e che la morte gli impedì di completare, doveva proprio incentrarsi sulla consistenza.

E poiché la consistenza si fonda sulla sostanza e la sostanza è pesante e ingombrante, allora forse ricuperando per un istante della "sostenibile pesantezza della materia" può essere utile guardare a ciò che millenni di storia hanno fatto sedimentare nelle cose semplici, anzi semplicissime, fatte di una sola materia, in un solo pezzo, sia esso – come dicono i matematici – "semplicemente" oppure "molteplicemente connesso". Ovvero, per essere più praticamente comprensibili, che esso abbia o non abbia dei fori.

Il dado, il filo, la chiave, lo specchio, l'anello, il bottone e la sfera sono cose semplici che incontriamo quotidianamente, ma di cui spesso ci dimentichiamo, perché la cultura contemporanea sempre più si lascia ammaliare dalla complessità dei sistemi e dalla leggerezza delle realtà virtuali.

Queste sette cose possono diventare le chiavi per comprendere la "natura delle cose", ma di quelle semplici, senza andare a scomodare Lucrezio, che peraltro più avanti potrà esserci di aiuto. I sette oggetti semplici avrebbero potuto essere accompagnati da molti altri esemplari, ma questo libro deve rimanere soprattutto uno stimolo affinché si possa ricuperare una maggiore attenzione alla concretezza delle cose, che non è solo importante quando sono riposte nelle vetrine di un museo di cultura materiale, ma perché sono parte di noi. Letteratura e tecnica, arte e filosofia, musica e cronaca, ogni giorno dimostrano come queste "cose" siano le vere protagoniste di quella che i francesi chiamano *civilization*: l'*Anello del Nibelungo*, il *Bottone di Pushkin*, e il *dado brunelleschiano*.

Nel *Credo*, o *Simbolo Niceno*, fondamento della fede cristiana, si legge che *dià-où tà pànta egéneto* (per mezzo di Lui tutte le cose sono state create): Dio è infatti il creatore *oratòn te pànton kài aoràton* (di tutte le cose, visibili e invisibili). Come accade nelle lingue antiche, il neutro plurale creato con un aggettivo sostantivato sta a indicare la totalità delle cose che da quell'attributo sono definite. La stessa cosa è nel latino, dove per esempio *pulchra* (neutro plurale di *pulcher, -a, -um*: bello, -a) significa "le cose belle".

Nel suo famoso libro *Miti d'oggi*, Roland Barthes afferma anzitutto che "il mito è una parola", perché appunto *mùthos* in greco significa "racconto". Chi ricorda ancora qualcosa del semplice greco delle favole di Esopo ha certamente ben chiaro come finissero quegli apologhi: "*ò mùthos delòi oti...*", "il racconto spiega che...".

Ma subito Roland Barthes in una nota si corregge:

> Mi si obbietteranno mille altri sensi del temine *mito*. Io però ho cercato di definire delle cose, non delle parole.

Se la mitologia non è che un frammento della scienza dei segni fondata da Saussure, si può continuare, sempre secondo quanto dice Barthes, ad approfondire il fatto che "la semiologia è la scienza delle forme". E poiché le forme implicano una sostanza che le renda concrete, allora si capisce perché sia assolutamente necessario conoscere le cose per poterne comprendere appieno le forme. Altrimenti si ricade nel paradosso dell'insostenibile leggerezza del software, che non potrebbe esistere senza la pesantezza dell'hardware, di cui spesso ci dimentichiamo.

Ma a differenza di quanto possiamo trovare magistralmente e profeticamente commentato dal semiologo francese, qui non si vuole fare riferimento né alla Citroën DS, né all'uomo-getto, e neppure alle mille forme del polistirene. Dentro queste realtà ci sono cose nascoste che sono più vicine alle parole che non ai loro racconti.

Nelle pagine dei *Miti d'oggi*, poche sono le cose di cui qui si vuole parlare, ma non si dimentichi che il libro apparve in Francia nel 1957, l'anno in cui in Italia veniva "lanciata sul mercato" la Fiat 500, l'anno dello Sputnik, l'anno del miracolo economico che ormai aveva dimenticato la semplicità degli oggetti di latta, di legno e di terracotta che avevano affascinato Leonardo Sinisgalli alle origini della sua *Civiltà delle Macchine*. Ormai la fantascienza stava diventando realtà con tutte le sue astruse complessità e il minimalismo era conosciuto soltanto attraverso alcune culture nordiche e snob. L'unico capitolo che in un certo senso entra in risonanza con i temi specifici di queste pagine è, paradossalmente, il giocattolo, che è rappresentante di "un microcosmo adulto", perché "il giocattolo fornisce il catalogo di tutto ciò di cui l'adulto non si meraviglia", proprio perché "l'imborghesimento del giocattolo non si vede soltanto dalle sue forme, ma anche dalla sua sostanza" e la nostalgia con cui Barthes guarda alla "progressiva sparizione del legno, pur materia ideale per la sua solidità e tenerezza, per il calore naturale del suo contatto" deve farci pensare. Però non bisogna a questo punto, come Thoreau, sognare e sperare di ritornare a una "vita nei boschi", perché la nostra natura di appartenenti al genere dell'*homo sapiens-faber* deve ricordare sempre che "senza la tecnica non saremmo mai esistiti" (José Ortega y Gasset) e che il progresso tecno-scientifico è componente essenziale delle nostre dinamiche evolutive. Ciò che ci salva, dal progressivo imbarbarimento della tecnica, che ci travolge nel mito di un sedicente progresso, è proprio, paradossalmente, il gioco, perché solo con esso è possibile, senza andare contro all'assunto biologico-evolutivo, ricuperare le dimensioni ancestrali di un mondo alle sue origini. E allora il paradigma dell'*homo ludens*, così ben sottolineato da Johan Huizinga.

L'Emblema XCIX dell'Alciato intitolato *Ars naturam adiuvans (la tecnica che aiuta la natura)* pone la Fortuna in bilico su una sfera, mentre Ermes, il protettore delle arti e dei mestieri, siede saldamente su un cubo:

Ut sphaerae Fortuna, cubo sic insidet Hermes:
Artibus hic, variis casibus illa praeest:
Adversus vim fortunae est ars facta: sed artis
Cum fortuna mala est, saepe requirit opem.
Disce bonas artes igitur studiosa iuventus,
Quae certae secum commoda sortis habent.[3]

Altre volte si ritornerà sul tema degli *Emblemata* e sulla simbologia barocca, ma qui si vuole sottolineare il fatto che spesso il potere delle cose, e soprattutto delle cose semplici, dà forza ai concetti e così tra le nostre cose semplici, inevitabilmente di numero ristretto, si è scelto di incominciare proprio con il il cubo e di terminare con la sfera.

---

[3] Come la Fortuna (danza) sulla sfera, così Ermete siede su un cubo: questo governa le tecniche (le arti), e quella i diversi eventi della sorte. La tecnica è fatta per contrastare la forza della fortuna: ma dell'arte quando c'è la cattiva sorte, spesso bisogna darsi da fare. O gioventù diligente, impara le buone arti, che di certo si accompagnano ai vantaggi di una buona ventura.

Se poi il cubo diventa un dado e la sfera una biglia o una palla, ciò starà a significare come "piccolo" sia davvero "bello, e pulito", come afferma Francesca Rigotti nel suo saggio breve *Filosofia delle piccole cose*. Tra il dado e la palla, nei capitoli di questo libro si troveranno il filo, la chiave, l'anello, il bottone e lo specchio. Cose semplici, anzi semplicissime, antiche, ricche di significati.

Come in una poesia di Guido Gozzano, le cose popolano le stanze della memoria e impediscono che svanisca. Ritroviamo questo registro di "natura morta" anche nella poesia *Luce* di Francisco Alvim:

Sopra il comò
un barattolo, due brocche, alcuni oggetti
fra loro tre antiche stampe
Sul tavolo due tovaglie piegate
una verde, l'altra azzurra
un lenzuolo anch'esso piegato libri portachiavi
Sotto il braccio sinistro
un quaderno con la copertina nera
davanti un letto
il cui capezzale si è aperto in una grande voragine
Sul muro alcuni quadri

Un orologio, un bicchiere.

"Quando le cose erano vive" è una frase che riecheggia il titolo di una celebre raccolta di *miti della natura* curata da Raffaele Pettazzoni, ma in questo caso, sono i miti relativi alla vegetazione e alle piante alimentari a spiegare le origini del mondo. Le cose vive sono elementi della natura, come l'arcobaleno o l'albero della china, il tuono come il banano: per trovare presenze di oggetti bisogna cercare più a fondo e le stesse favole di Esopo hanno per protagonisti quasi esclusivamente animali parlanti. Un apologo riportato sulle *Favole ad uso de' fanciulli* del sacerdote veneziano Giuseppe Manzoni (Bassanese, Venezia 1761) si intitola *Il Prete, il Cervello, la Penna, il Calamaio*: qui anche le "cose" singolarmente assumono il ruolo di co-protagoniste:

Stavasi un dì al suo tavolino tutt'allegro cotale Poeta per certe composizioni, le quali erano andate oltre ogni credere a gusto del mondo. Ardendogl'in seno non so qual focherello d'ambizione comune a tutti gli uomini; pensando a che se ne diceva in sua lode, gli spicciava proprio dal cuore più veemente il sangue, e si senti' andar l'allegrezza per le vene. Invidioso il cervello prese a dirgli ben me ne dei saper grado, che di me traesti quell'immagini, che ti fecero cotanto onore; per certo senza di me tu non avresti scritto parola. L'udì la penna, e sdegnata gridò al cervello: vedi superbiuzza! Ch'avresti fatto senza di me con tutte le tue fantasie, e con tutte le tue immagini? Egli a me dev'esse tenuto, che le misi in carta. Ripigliò allora il calamaio: ma tu non avresti mica scritto, s'io non t'avessi bagnata d'inchiostro io. Assordato il Poeta da costoro, che a gara facevano a chi più sapesse togliere a lui della fama acquistata, disse ne fo grado a tutti. A te cervello, che mi dettasti l'idee, a te, penna, che le scrivesti, a te, inchiostro, per cui furono poste in iscritto da lei; e così fu bell'e finita la lite. Ivi a pochi giorni il Poeta diede nuovamente a stampa un libretto; ma verso dell'altro era come Sol a nuvolo. Tutti gli furono addosso, qual con satire, qual con ingiurie; e si faceva a poco a poco il zimbello del mondo. Lo scrittore allora si richiamò del cervello; conciossiacosache gli avesse dettato delle scipitezze: sgridò la penna, e l'inchiostro, perché nel avevano scritte; ma allora nessuno volle aver avuto che fare. Il cervello oppose a lui ch'avea mal saputo scegliere tra le sue idee le migliori: la penna, e l'inchiostro l'attaccarono pure al cattivel di Poeta con dire, ch'aveano obbedito ai suoi voleri, e scritto a sua posta quello, ch'egli ebbe voluto. Onde si tacque l'uomo, e solo pianse di sua disgrazia. Ella è così in questa terra; come ci riesce a bene un affare, tutti vogliono averne avuto parte nella felice riuscita e quando va al contrario, ognuno ci pianta, e dice che non sa punto del nostro male, e ch'egli è tutto da noi.

Ora seguendo i consigli di Goethe, facciamo tesoro di ciò che afferma in una sua lirica: "Non pensare agli uomini, pensa alle cose!" (*Gedichte*, 24. Zahme Xenien). E poiché le cose di questo libro sono cose che in un certo senso hanno perso la loro materialità, diventando di inchiostro e carta, potremo ricordare i versi di Vera Lúcia de Oliveira, intitolati appunto *As coisas*, qui riportati nella traduzione di G. Boni:

trovava che le cose dentro i libri
erano più vere che fuori
che le cose nei libri e le persone
stavano al posto giusto e se stonavano
era solo per poi riprendere il posto
esatto che spettava loro.

Ma perché infine non ricordare che il rebus, che alcuni definiscono un caposaldo dell'enigmistica, è una parola latina, un caso
ablativo, che significa appunto "con le cose"? I primi cristiani si
segnavano con un pesce, che in greco si scrive ΙΧΘΥΣ: un acroni-
mo di *Iesùs Christòs Theoù Yiòs Sotér*, ovvero "Gesù Cristo figlio di
Dio Salvatore". Con i rebus oggi ci divertiamo...

Il dado

Franco Sacchetti nel suo *Trecentonovelle* narra di Messer Giovanni da Negroponte, che "avendo perduto a zara ciò ch'elli avea, andò per vendicarsi, e uccise uno che facea li dadi" (Novella CXXII).

Messer Giovanni da Negroponte, avendo un dí perduto a zara ciò ch'egli avea, essendo grandissimo e valente uomo di corte, caldo caldo, con l'ira e con l'impeto del giuoco, andò con un coltello a trovare uno che facea dadi, e sí l'uccise. Ed essendo preso e menato dinanzi al signore di quella terra, che era despoto [...] il quale gli volea tutto il suo bene, dal signore fu domandato:
– Doh, messer Giovanni, che v'ha mosso a uccidere uno vile uomo e mettere alla morte voi?
Quelli rispose:
– Signor mio, solo l'affezione che io porto alla vostra persona, pensando l'amore che mi portate; e la ragione è questa. Io avea perduto a giuoco ciò ch'io avea, e fui presso a una dramma per uccidermi; e disponendomi pur di fare omicidio, e considerando l'amore che mi portate, e che senza me non sapete stare; perché voi non perdeste me, e perché io non perdesse voi, andai a dar luogo all'ira sopra colui che faceva i dadi, pensando quella essere dignissima vendetta; però che molti signori e vostri pari mettono spesse volte pene a chi giuoca; ma considerando quanti mali dal giuoco vengono, io credo che serebbe molto meglio a tutto il giro della terra spegnere tutti gli altri, come io ho spento questo uno, che lasciarli in vita; e pensate quanti mali dal giuoco vegnono, e forse le ragioni mie non vi doverranno dispiacere.
Il signore, ch'era di perfetta condizione, pensò le ottime ragioni di messer Giovanni da Negroponte, fece legge che per tutto suo

terreno fosse pena l'avere e la persona a qualunche facesse dadi, e che ancora chi gli facesse potesse esser morto sanza alcuna pena; e a qualunque fossono trovati addosso, pena di lire mille, o la mano; e chi giucasse, dove dadi fossono, pena l'avere e la persona. E cosí spense per tutto suo terreno questa pessima barba e questa maligna radice; la qual'è biestemmar Dio, consumare le ricchezze, congiugnimento di superbia e ira, per avarizia cercar furti e ruberie, uccidere e [...] darsi al vizio della gola, e per questo venire alle sfrenate lussurie e a tutti i mali che può far natura. E a messer Giovanni da Negroponte fu perdonato; e quello che facea i dadi, e che fu morto, se n'ebbe il danno.

I dadi e la morte sono un tema ricorrente sin dall'antichità, perché a essi si ricollega il Caso, la Fortuna, la *Thuke*, come la chiamavano i greci. L'Alciato nel suo famoso trattato *Emblemata* presenta un'immagine raffigurante tre fanciulle che giocano ai dadi. Sotto si legge la frase: *Semper presto esse infortunia*, le sfortune sono sempre dietro l'angolo. A ulteriore commento di questa scena, in cui i veri protagonisti sono i tre dadi, si legge un breve apologo tratto dalla *Anthologia graeca* (9.158):

Ludebant parili tres olim aetate puellae
Sortibus, ad stygias quae prior iret aquas.
Ast cui iactato malè cesserat alea talo,
Ridebat sortis caeca puella suae:
Cùm subitò icta caput labente est mortua tecto,
Solvit et audacis debita fata ioci.
Rebus in adversis mala sors non fallitur: ast in
Faustis, nec precibus, nec locus est manui.

Un tempo tre ragazze della stessa età giocavano ai dadi per scoprire chi per prima tra di loro sarebbe passata a miglior vita. Una volta gettati i dadi quella che dalla sorte dei dadi era stata designata rideva disprezzando il destino a lei vaticinato. Ma essa improvvisamente morì per il crollo del tetto e così pagò il suo compor-

tamento sfrontato. Nelle sventure la mala sorte non può essere evitata, ma anche nelle situazioni più favorevoli né le pre-
ghiere né le azioni hanno effetto.

Intorno ai dadi si sviluppa tutta una mitologia di destini fortunati
e nefasti. La sorte è affidata ai dadi e spesso si ritiene che il Fato
regga le sorti del mondo. "Tu ritieni che Dio giochi a dadi", rim-
proverava Albert Einstein al suo amico Bohr, esprimendo tutto il
travaglio dello scienziato nel dovere accettare, a proposito della
sua descrizione geometrica del mondo, l'ingresso del caso e della
probabilità. Ma per Einstein "Dio non gioca ai dadi. Dio è inge-
gnoso, ma non disonesto".

Amore, folleggiando, lo stolido, in grembo alla madre,
sull'aurora, coi dadi giocò l'anima mia.

Meleagro ricorda, in un frammento dell'*Antologia palatina* (XII, 47,
trad. di Ettore Romagnoli), che anche Amore gioca ai dadi e si
gioca il destino degli uomini. E sempre rimanendo nella medesima raccolta di lirici greci, ritrovata in un manoscritto della
Biblioteca Palatina di Heidelberg, il poeta Agazia così spiega il
gioco dei dadi (*Ant. Pal.* IX, 768, trad. di Ettore Romagnoli):

Gioco e non altro è questo: nei colpi di dadi che privi
son di ragione, mostra fa di sé la Fortuna,
e della vita qui l'imago vedrai malsicura
or trionfando ed ora precipitando al basso.
E nella vita e nel gioco dei dadi quell'uomo lodiamo
che sa tener misura nella gioia e nel cruccio.

In araldica il dado è solitamente un
piccolo cubo, visto in prospettiva, con
sei facce con i numeri dall'1 al 6. Può
avere i punti marcati di smalto di diffe-
rente colore; esso simboleggia liberalità,
fortuna e vittoria.

Lo stemma della città di Sesto Calende
riporta su campo azzurro, un compasso che
sovrasta un dado.

Il gioco dei dadi è certamente molto antico e il Garzoni, nella sua *Piazza universale di tutte le professioni* al Discorso LXIX, "De' giocatori in universale, et in particolare", così narra dell'origine di questo gioco:

L'inventione del giuoco da dadi s'attribuisce pur a Palamede, e di questo giuoco scrissero i precetti in un libro Diodoro Megalopolitano, e Theosseno, insieme con Claudio imperatore, come narra Suetonio nella Vita di quello, il qual narra parimente, che Domitiano imperatore si dilettò di cotal giuoco estremamente; e il Garimberto narra l'istesso d'Henrico d'Inghilterra. Questo giuoco fu però vietato dalle leggi romane, onde Horatio dice: Seu mavis vetita legibus Alea. Et Cicerone scrive un certo Lenticolo, che giocava con Antonio, esser stato per questo giuoco condannato. Et di più leggesi, che un certo Cobilone Lacedemonio mandato ambasciatore a Corinto, per far lega, ritrovando i principali, et più vecchi de' Corinthii, che giocavano a dadi, se ne partì senza far altro, dicendo, che non voleva macchiare la gloria de' Spartani con questa infamia, che fossero detti d'haver fatto lega con giocatori. Et questo giuoco fu già tenuto in tanto vituperio appresso a huomini grandi, che il re de' Parthi mandò al re Demetrio dadi d'oro per rinfacciarli la sua leggerezza; con la qual vanità i Proci di Penelope, presso Homero son descritti giocare innanzi alla porta sua. Et in questo giuoco scrive Phania esser stato invitto un certo Leone Mytileneo, sì come Hiperide rhetore è celebrato in tal giuoco da Philetero nel suo Esculapio.

Rimanendo tra gli emblemi, e sfogliando le *Icones, id est verae imagines virorum doctrina simul et pietate illustrium [...] quibus adiectae sunt nonnullae picturae quas Emblemata vocant* (Jean de Laon, Ginevra 1580) del teologo ginevrino Théodore de Bèze, successore di Calvino, scopriamo che al cubo è assegnata perfezione e stabilità, e se questo è inserito all'interno di un cerchio ne deriva una vera massima di vita. Il cerchio insegna l'eleganza e il cubo consiglia che si pongano stabili punti a ogni meta raggiunta.

Stare cubum in tereti cernis quicunque figura,
Hinc vitae verum discito cautus iter.
Mores illa docet teretes, hic figere iussa
Te iubet immotos in statione gradus.[4]

Se poi con un balzo in avanti, quale si può fare solo di fronte a uno scaffale di libri, si arriva all'*Encyclopédie* di Diderot e D'Alembert, alla voce "dado" si possono leggere alcune note storiche:

DE, (*Jeu de*) s. m. *Littér.* sorte de jeu de hasard fort en vogue chez les Grecs et chez les Romains. L'origine en est très ancienne, si l'on en croit Sophocle, Pausanias, et Suidas, qui en attribuent l'invention à Palamede. Hérodote la rapporte aux Lydiens, qu'il fait auteurs de tous les jeux de hasard.[5]

Molti sono gli studi che sono stati condotti sull'origine dei dadi: presso i Romani si usavano gli astragali. L'astragalo è un'ossicino di forma cuboide che fa parte dell'articolazione del piede. In alcune specie animali, come il bue e il montone, questo ossicino ha proporzioni particolarmente regolari e si presta in modo eccellente a essere utilizzato per ottenere dei risultati casuali, come una sorta di dado a quattro facce. Questo osso fu usato come strumento di gioco, ma soprattutto nella sua funzione di strumento per predire il futuro.

Trias   Tetras   Monas   Hexas

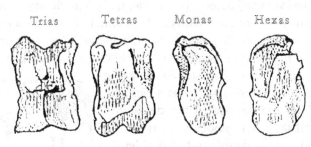

---

[4] Tu che vedi un cubo inserito in un cerchio impara con la dovuta attenzione da ciò che questo è il vero modo di procedere nella vita. Se il cerchio ti insegna l'eleganza, devi ricordarti di porre saldi gradini ad ogni stazione in cui ti fermi.

[5] De (Jeu de): sorta di gioco d'azzardo in voga presso Greci e Romani. La sua origine è molto antica se si crede a Sofocle, Pausania e Suidas che ne attribuiscono l'invenzione a Palamede. Erodoto lo ritiene originario della Lidia, dove immagina cha abbiano avuto origine tutti i giochi d'azzardo.

Nel Medioevo, ricorda nei suoi studi Paolo Canettieri, i dadi trovarono un grandissimo successo sia in ambito latino sia volgare. Numerosissime sono le citazioni nella letteratura antico-francese. Geremek ricordava come

> contro il gioco dei dadi (come del resto contro tutti gli altri giochi d'azzardo), sia da parte della Chiesa che da parte delle pubbliche autorità, si indirizzarono, per tutto il Medioevo, parole di condanna e divieti.

Il *De aleatoribus*, che probabilmente fu composto da un papa del III secolo d.C., contiene una netta riprensione dei giocatori di dadi e di tavola, considerati alla stregua dei peggiori peccatori, accecati dalla caligine di Zabulus, la divinità del dado, che essi adorano e cui offrono sacrifici.

Isidoro di Siviglia nel libro XVIII delle *Etymologiae* parla dei dadi e dei giochi che con essi si fanno.

> 63. Dei dadi. I dadi sono stati chiamati *tesserae* in quanto quadrati da ogni lato. Vi è chi dà loro il nome di *lepuscoli*, ossia *leprotti*, in quanto si muovono saltando. Anticamente i dadi erano detti *iacula*, dal verbo *iacere*, che significa lanciare.
> [...]
> 65. Dei vocaboli associati al tiro dei dadi. Ogni differente tipo di tiro dei dadi era chiamato dagli antichi giocatori con un nome derivato da un numero: *unio*, [*binio*], *trinio*, *quaternio*, [*quinio*] e *senio*. In seguito, la denominazione di alcuni cambiò e l'*unio*, il *trinio* e il *quaternio* divennero rispettivamente, *cane*, *supino* e *piano*.
> 66. Del tiro dei dadi. Il tiro dei dadi è effettuato dai guiocatori esperti in modo tale da dare il risultato desiderato, ad esempio un *senio*, che è un tiro buono. Si evita invece il *cane*, che è un tiro svantaggioso, in quanto vale soltanto uno.

Il *fritillus*, presso i Romani, è il bossolo per dadi. Nell'*Apocolocyntosis* un'opera satirica scritta da Seneca e indirizzata al "divino" imperatore

Claudio, a cui si celebra una "zucchificazione", questo è appunto il titolo dell'opera, il medesimo viene condannato a giocare a dadi con un bossolo bucato.

In una glossa a una legge di Giustiniano, scritta in Lombardia nel sec. XII, si proibisce il gioco dei dadi, ma non quello degli scacchi, poiché questo dipende solamente dall'intelligenza e non è influenzato dalle leggi della fortuna.

Giocare ai dadi è sintomo di perdizione e ai dadi sono legati anche altri vizi. L'associazione fra il gioco d'azzardo e l'amore carnale ritrova così in Cecco Angiolieri uno dei rappresentanti più illustri. Sono noti i suoi versi:

> Tre cose solamente mi so' in grado
> le quali posso non ben ben fornire:
> ciò è la donna, la taverna e 'l dado;
> queste mi fanno 'l cuor lieto sentire.

Già si è fatto riferimento alla *Antologia Palatina* dove il tema è ricorrente, ma è nella poesia goliardica e in quella dei *clerici vagantes* che i dadi acquistano una "autonomia poetica", come la definisce il già citato Canettieri (http://paolocanettieri.word-press.com/category/dice).

A Francesco da Barberino è attribuito il detto: *Tolle hic versus ad hoc et alia predicta respicientes dives eram dudum fecerunt me tria nudum. Alea vina venus quibus hiis sum factus egenus*: i dadi, i vini e gli amori, da ricco lo resero nudo.

I *Carmina Burana*, raccolta di canti goliardici medievali, scoperta nella biblioteca del monastero benedettino di Benediktbeuern, nel sud della Baviera, e resa celebre dalla trascrizione musicale di Carl Orff, nella loro terza sezione riprendono ampiamente questi temi.

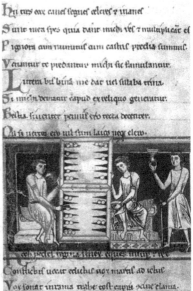

Urbs celebris dudum, dum terminat alea ludum,
Ecce solum nudum, pastus erit pecudum![6]

> (*Carmina Burana*, (Carmina amatoria), CI, 33)

O curas hominum,
quos curat curia!
o quorum studia
non habent terminum!
talium si fidem
incurreret,
desereret
Pylades Atridem;
[...]
ubi regnat Proteus
et Fati ludit alea.[7]

> (*Carmina Burana*, (Carmina potoria), CLXXXVII, 1)

E se i Vangeli narrano che le vesti di Cristo furono giocate ai dadi dai soldati romani incaricati della crocifissione, la parodia goliardica dell'*Officium Lusorum* trova proprio nei dadi e nel gioco d'azzardo il motivo dei propri osceni lazzi.

Teologia e filosofia, invero, hanno sempre utilizzato il dado come materializzazione di un concetto, di un'entità astratta che altrimenti sarebbe stato difficile concepire. L'associazione dado/caso-Dio, come già si è detto parlando di Einstein, è un tema che ritroviamo soprattutto nella cultura greca, dai grandi tragici sino a Platone, che ne fa oggetto di un dialogo nelle *Leggi* (X, 903).

ATENIESE: Mi pare che dicano che fra quelle cose le opere più grandi e più belle sono realizzate dalla natura e dalla sorte, quelle più piccole dall'arte, la quale, prendendo dalla natura il principio delle grandi e delle prime opere, modella e fabbrica

---

[6] Un tempo una celebre città, poi il dado fa terminare il gioco. Ecco il nudo suolo, ridotto a pasto per le greggi.

[7] Oh gli affanni degli uomini, che la curia cura, oh i loro studi che non terminano mai. Se solo si riponesse in loro fiducia, Pilade diserterebbe l'Atride [...] dove regna Proteo e dove si gioca con i dadi del Fato.

tutto ciò che ha dimensioni più piccole, e che noi tutti chiamiamo *artistico*.

CLINIA: Come dici?

ATENIESE: In questo modo parlerò più chiaramente. Essi dicono che il fuoco, l'acqua, la terra, e l'aria sono tutti dovuti alla natura e al caso, mentre nessuno di questi elementi è prodotto dall'arte, e che i corpi che vengono dopo di questi, quelli della terra, del sole, della luna, e degli astri, sì sono assolutamente generati da questi elementi inanimati: e ciascuno di questi elementi, mosso a caso a seconda della proprietà di ciascuno, incontrandosi ed accordandosi intimamente insieme – caldo con freddo, secco con umido, molle con duro, e così tutti quanti i contrari che sono costretti dalla sorte a mescolarsi insieme – hanno dato origine in questo modo all'intero cielo e a tutto quanto è compreso nel cielo, a tutti gli animali e a tutte le piante, e da queste cause presero origine tutte le stagioni, e tutto ciò dicono non sia opera di una mente ordinatrice, né di un qualche dio o di una qualche arte, ma, come diciamo, della natura e del caso.

Ma il riferimento ai dadi, nella determinazione degli eventi naturali, e in particolare delle disgrazie che ci occorrono arriva ancora più diretto nella *Repubblica* (X, 122):

– Quando nell'uomo si manifestano a un tempo due moti contrari riguardo alla stessa situazione, diciamo che dentro di lui ci sono inevitabilmente due impulsi.
– Come no?
– E uno dei due non è pronto a obbedire a tutto ciò che la legge prescrive?
– Ossia?
– Grosso modo la legge dice che nelle disgrazie la cosa migliore è stare il più possibile calmi e non agitarsi, perché il bene e il male di questi eventi non è chiaro e chi li sopporta di malanimo non ne ricava alcun miglioramento per l'avvenire; inoltre nessuna delle cose umane è degna di essere presa troppo sul serio e il dolore ostacola ciò che in questi casi deve soccorrerci al più presto.
– A che cosa alludi? – domandò.

– Alla capacità di riflettere sull'accaduto – risposi – e di adattare, come in un tiro di dadi, la propria condizione alla casualità degli eventi, a seconda della scelta che la ragione indica come la migliore; e se abbiamo ricevuto un colpo, non dobbiamo passare il tempo a gridare come fanciulli, tenendo con la mano la parte colpita, bensì abituare sempre l'anima a guarire e raddrizzare il più presto possibile la parte caduta ammalata, eliminando il piagnisteo con la medicina.

– Questo – disse – sarebbe il modo più corretto di comportarsi nelle disgrazie.

Il discorso di complica se, come è naturale, alle parole si associano i segni. Circa a metà del secolo XIII, l'architetto costruttore di cattedrali Villard de Honnecourt scrisse un *Taccuino* in cui riportò numerose norme e regole dell'arte del costruire, corredandole con numerosi disegni. Questo documento, trovato nella biblioteca del convento di St. Germain des Près a Parigi a metà dell'Ottocento oltre a essere un testo fondante dell'ingegneria medievale, è anche un importante documento iconografico che testimonia la cultura del suo tempo. Tra le immagini più significative ecco che al foglio 9 appare il disegno di due uomini accovacciati che giocano ai dadi. Manca, a differenza di altre immagini, una didascalia specifica, ma non è escluso che il disegno al di là della sua immediata rappresentazione, non sia preso per esempio della postura dei due giocatori, per farne un modello costruttivo di stabilità.

Ritornando nuovamente alle considerazioni di Paolo Canettieri:

Il gioco dei dadi inaugura l'arte trobadorica, condizionandone poi molte importanti manifestazioni.

Poiché nelle esperienze trobadoriche il poeta si considera un *alter deus*, il suo atto creativo si esplicita nella *poiesis*, che assume al proprio interno sia la *creatio* sia il fare qualcosa di concreto (*mester*). E per l'appunto il *mestiere* del trobatore è il produrre poesia, dal nulla. E giova ancora una volta il ricordare come in greco, *poièin* significhi fare, plasmare la creta, un gesto che è proprio del vasaio, ma anche di Dio.

I giochi d'amore sono spesso associati alle rigide regole del gioco, e anche in questo caso può capitare che ci sia qualcuno che bari. I *dadi piombati* sono una delle armi del *maistre certa*, del maestro sicuro della sua arte imbrogliona in amore.

Lo stornello dei dadi truccati (*Estornel, cueill ta volada*) ebbe infatti un notevole successo anche al tempo dei trovatori: la retorica falsa (*Falsa Razos*) come il dado piombato (*datz plombatz*) sono sempre di bella apparenza, abbelliti, dorati (*daurada*) per meglio ingannare. La Donna e l'Amore sono spesso visti come un vizio e l'associazione ai dadi diventa naturale.

> Ai! com es encabalada
> Na Falsa Razos daurada.
> Denan totas vai triada.
> Va! ben es fols qui s'i fia.
> De sos datz
> C'a plombatz
> Vos gardatz,
> Qu'enganatz[8]

Solo chi è esperto, anche nell'inganno, ha qualche possibilità di vincere: l'aspetto ludico del *trobar* resta il carattere dominante di questa "filosofia di vita".

Ma anche nella civiltà orientale, e in particolare in quella indiana, il dado ritrova quelle caratteristiche che lo rendono un'invariante nella simbologia materiale del caso e della fortuna. Il classico testo della letteratura sanscrita, il libro più antico, il *Ŗg Veda*, contiene un inno, il numero 34, che è intitolato *L'inno del giocatore*. In esso i dadi sono associati ai tormenti che essi provocano, sino a far materializzare sulle loro facce pungoli e tizzoni ardenti.

---

[8] Ahi come sono intrigati i falsi ragionamenti dorati di cui si parla. Folle è colui che vi crede. Dai suoi dadi, che ha truccato col piombo, guardatevi.

I dadi hanno pungoli (con cui) feriscono, lacerano, tormentano e sono causa di tormento; largiscono al vincitore (volubili come) fanciulli per poi colpirlo nuovamente; ma sono intinti nel miele quando secondano il giocatore. [...] Rotolano in basso, ma rimbalzano palpitando in alto; non hanno mani, eppure assoggettano a forza chi ha mani; tizzoni divini gettati sullo spiazzo, benché freddi bruciano il cuore.

Ma questo tema ritorna anche un millennio più tardi nel *Mahābhārata* dove *daiva*, il *destino*, letteralmente "ciò che mandano gli dei", è posto in contrapposizione a *pauruṣa*, "ciò che compie l'uomo". Di fronte alle disgrazie della vita e al crollo di un regno, per rimettere il destino nelle mani del destino Śakuni propone il ricorso ai dadi, che il veggente vedico aveva riconosciuto come "tizzoni divini" (*divya*). Prima di iniziare la partita con Śakuni, Yudhiṣṭhira protesta contro le insidie del gioco, proclamando che nel valore in battaglia e non nelle astuzie dei dadi risiede il *dharma* del guerriero; ma infine accetta la sfida, ancora con la medesima giustificazione: "forte è il destino (*vidhi*), o re, e io sono in balia dei suoi decreti (*diṣṭa*)".

Ma a questo punto, come ha ben stigmatizzato Marc Augé, poiché l'etimologia ancorché fondata su basi vacillanti, dà forza alle parole legandole alla storia, si apra una parentesi intorno alla parola "dado".

Il nome "dado", in provenzale *datz*, viene dal latino *datum*, participio passato del verbo *dare*, nel senso di gettare. Altri pensano che derivi dall'arabo *dadd*, gioco, e più precisamente il gioco dei dadi.

I greci lo chiamavano *kùbos*, e infatti la tradizione narra che quando Cesare passò il Rubicone disse appunto in greco "*annerrìftho kùbos*" che in latino fu tradotto "*alea jacta est*", ossia "il dado è tratto".

I dadi "cubici", che avevano soppiantato gli astragali a cui si lasciò il compito di predire il futuro, ebbero sin dalla loro origine sei facce tutte uguali numerate da uno a sei, come testimonia anche l'epigramma 17 del libro XIV di Marziale:

Hic mihi bis seno numeratur tessera puncto.[9]

---

[9] Qui ho totalizzato ben due sei con i dadi.

L'*Encyclopédie* descrive due modi di giocare ai dadi. Il primo, quello che è in uso ancora oggi, è la *rafle*. Qui vince chi fa il punto più alto. *Venus* è il nome che si assegna al sei, e poi via via tutti gli altri punteggi hanno il nome di altre divinità o di personaggi illustri. Il secondo modo è un modo ormai abbandonato e usato un tempo dai greci e dai romani: chi tiene i dadi, prima di lanciarli dichiara un punto e vince se lo realizza; ma il giocatore può lasciare l'indicazione della puntata al suo avversario. A questo modo di giocare fa riferimento Ovidio nella sua *Ars amandi* quando dice

> Et modo tres jactet numeros, modo cogitet apte, Quam subeat partem callida, quamque vocet.[10]

Esistevano nella Francia del XVIII secolo altri dadi, chiamati *dé à emboutir*, dadi da imbutitura, detti anche "dadi da stozzare". Usati dagli orefici, erano cubi di rame a sei facce, su ciascuna delle quali erano ricavati dei fori di forma e dimensioni differenti, sui quali si imbutivano i fondi dei castoni degli anelli, coniandoli con appositi punzoni.

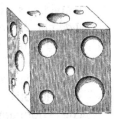

Fig. 550.   Dado da stozzare

Ai dadi, quelli da gioco, fu associata sin dai tempi più remoti l'algebra combinatoria e da questa scienza nacque il calcolo delle probabilità. Con due dadi si possono ottenere trentasei combinazioni differenti, con tre dadi le combinazioni salgono a 216. Poiché però alcuni punteggi si possono ottenere in due o più maniere, ecco che la probabilità che esca un numero dipende dal numero stesso. E così, se da un lato dall'insieme delle possibilità è escluso il punteggio pari a 1, l'occorrenza del 12 è di una volta contro le sei volte del 7, le cinque dell'8 e così via, come mostra la tabella:

2	3	4	5	6	7
3	4	5	6	7	8
4	5	6	7	8	9
5	6	7	8	9	10
6	7	8	9	10	11
7	8	9	10	11	12

---

[10] E ora tre volte lanci i dadi, ora invece si fermi a pensare nel modo più giusto, astutamente scegliendo se passare il gioco o fare la puntata.

Di queste probabilità di uscita devono naturalmente tener conto i giocatori di dadi, di cui molte sono le rappresentazioni sia nelle pitture di genere, sia nell'iconografia barocca, sempre ricca di simbolismi. Particolarmente efficace nei suoi messaggi è il quadro del pittore fiammingo Jan van Bijlert, intitolato *I giocatori di dadi* (1630), dove ritornano i temi già incontrati con i trovatori. Di alcuni anni prima è il dipinto di Valentin de Boulogne, che rappresenta alcuni *Soldati che giocano a carte e a dadi*.

Ma *dé*, e questa volta la forma cubica scompare, lo ricorda sempre l'*Encyclopédie*, è anche un piccolo cilindro d'oro, d'argento, di rame o anche di ferro, vuoto all'interno e martellato all'esterno con punzonature regolari, che serve ai sarti per appoggiarvi la testa dell'ago, per poterlo spingere senza bucarsi le dita. Il *dé*, che, che non è un "dado" e che noi chiamiamo ditale, si infila ordinariamente sul dito medio della mano che tiene l'ago. I *dé* che si fanno a Blois sono estremamente ricercati.

Dadi si chiamano le madreviti femmine in cui si impegnano gli steli filettati delle viti: gli ingegneri ne enumerano varie tipologie, che le normative nazionali e internazionali UNI, DIN, ISO regolano in forme e caratteristiche. Si ricordano i dadi quadri, ma tutti gli altri hanno perso la loro forma anche lontanamente cubica: dadi esagonali bassi, medi e alti dadi a corona, dadi flangiati, dadi a saldare, dadi ad alette, dadi autobloccanti con inserto in nylon, dadi ciechi, dadi con rondella girevole, dadi in gabbia, dadi larghi per carpenteria.

Cubici sono invece i *rocks*, i cubetti di ghiaccio, così come di forma esaedrica sono i cubetti di porfido che lastricano le nostre strade e i cortili, e quelli di dimensioni maggiori sono chiamati "sampietrini".

Nella Chiesa di Santo Spirito a Firenze, iniziata da Filippo Brunelleschi nel 1434, fa la sua prima comparsa un elemento architettonico volto a innalzare gli archi a tutto sesto e accentuare la verticalità, senza per

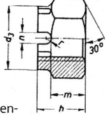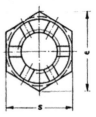

questo alterare i canoni classici dei colonnati, che imponevano alle colonne un'altezza eguale al diametro dell'arco. Il cosiddetto "dado brunelleschiano", che ritroviamo anche in San Lorenzo, è un pulvino a forma cubica, con modanature classiche. Questo elemento architettonico troverà nei decenni successivi un discreto successo: sarà presente nella chiesa di San Giovanni Battista a Bucine, in Toscana, e sarà introdotto a Lucca da Matteo Civitali nel Palazzo Bernardini costruito nei primi anni del XVI secolo. Ma in architettura il cubo continua a essere elemento centrale di ogni canone e ogni volume.

Nella nuova ristampa dei *Principii d'Architettura* (Tip. Cardinali e Frulli, Bologna 1827) di F. Milizia

si è creduto di fare cosa utile collocando a pie di pagina, ed ai luoghi rispettivi le Osservazioni ed Aggiunte fatte a quest' opera dal ch. Professore Giovanni Antolini.

Tra queste note, a pagina 266 si può leggere:

Saviamente perciò il chiarissimo sig. Temanza ha paragonata la musica ai versi, e l'architettura alla prosa. Lo stesso può dirsi del sistema del sig. Roberto Morris, il quale nelle sue *Lectures en architecture* sostiene, che il quadrato in geometria, l'unisono o il circolo in musica, il cubo nell'architettura hanno tutti una inseparabil proporzione; perché essendo uguali tutte le parti, i lati e gli angoli danno all'occhio, ed all'orecchio un grato piacere. Quindi ei deduce, che il cubo e mezzo, ed il doppio cubo nell'architettura sieno, come il diapason, ed il diapente nella musica, fondati su gli stessi principii. Onde come nella musica sono 7 note, così nell'architettura sieno sette proporzioni, secondo le quali si abbiano da fare tutte le differenti fabbriche dell'universo. Queste sette proporzioni sono le seguenti:

1) Cubo, cioè tutte e tre le dimensioni dell'edifizio uguali.
2) Cubo e mezzo, come lunghezza 60, profondità 40, altezza 40.
3) Doppio cubo lungh. 60 prof. 30 alt. 30
4) 4. 3. 2. i. lungh. 60 prof. 40alt. 20
5) 4. 3. 2. lungh. 60 prof. 45 alt. 30
6) 5. 4. 3. lungh. 60 prof. 48 alt. 36
7) 6. 4. 3. lungh. 60 prof. 40 alt. 30

Vero che in queste sette proporzioni si possano costruire elegantemente tutti gli edifizi, ma sarà vero ancora, che queste proporzioni si possano alterare, e distruggere, senza che gli edifizi perdano punto della loro bellezza.

E poi non bisogna dimenticare il "cubo nero" della Ka'bah alla Mecca. La parola araba *ka'bah* significa infatti cubo, e il cubo ha per base il quadrato: anche il tempio Solare dei Sabei era a base quadrata. Perciò al Mas'udi definì esattamente il tempio del Sole una *ka'bah*.

Il termine *ka'bah* si riferisce così a un qualsiasi edificio a forma cubica. Al cubo si ispira gran parte dell'architettura arabo-normanna, come per esempio la chiesa della Santissima Trinità di Delia a Castelvatrano.

Al cubo e alle forme elementari si ispirerà l'architetto francese Claude-Nicolas Ledoux, che, tra il 1775 e il 1784, realizzerà il "cubico teatro" di Besançon. Si legge sull'*Encyclopédie* che in architettura

> DÉ: c'est le tronc du piédéstal, ou la partie qui est entre sa base et sa corniche. Les Italiens l'appellent *dado*, et Vitruve le nomme *tronc*.[11]

Anche il punto di partenza per l'architettura *de Stijl* sarà costituito dal cubo.

Nel 1913 Guillaume Apollinaire scrive *Les peintres cubistes. Méditations esthétiques,* che diventa il manifesto del Cubismo:

> Tous les hommes aiment avant tout la lumière, ils ont inventé le feu[12]

è uno degli aforismi che segnano la nascita di una pittura rivoluzionaria che vuole rompere definitivamente con il passato.

---

[11] DADO: è il tronco del piedistallo, ossia la parte che si trova tra lo zoccolo e la cimasa. Gli italiani lo chiamano dado, e Vitruvio tronco.

[12] Tutti gli uomini amano innanzitutto la luce, hanno inventato il fuoco.

Avant tout, les artistes sont des hommes qui veulent devenir inhumains. [13]

I riferimenti all'*homo faber* e alle nuove logiche dell'artificiale come evoluzione naturale dell'artefatto (*artis factum*) sono portati avanti come nuova bandiera.

Il valore di un'opera d'arte si misura dalla quantità di lavoro fornita dall'artista.

e la forma cubica, spigolosa sembra più vicina alla rimodellazione della realtà.

Dal cubo si ritorni ora più specificamente al dado: anche in musica esso fa la sua comparsa. Tra la seconda metà del XVIII secolo e l'inizio del successivo si verificò in Europa una moda per i giochi musicali, che fecero la fortuna dei grandi editori a stampa di spartiti. Tra gli autori, ufficiali o presunti, ricodiamo C. Ph. E. Bach, J.Ph. Kirnberger, M. Stadler, F.J. Haydn, W. A. Mozart e fra gli italiani gli stessi F. P. Ricci, L. Palmerini e A. Calegari.

Nel 1793 viene pubblicato dall'editore J. J. Hummel a Berlino e ad Amsterdam un singolare libretto dal titolo *Musikalisches Würfelspiel*, la cui paternità è addirittura attribuita a Wolfgang Amadeus Mozart.

Con un paio di dadi e facendo riferimento ad apposite tabelle, le quali riportano una certa serie di battute musicali, con il lancio dei dadi si può stabilire casualmente una sequenza in cui le battute, ancorché ordinate casualmente, rispondono a uno schema armonico precostituito ed esente da "errori". Il gioco consente di ottenere risultati gradevoli e armoniosi: la varietà delle "misure musicali" contenute nelle tabelle, combinata con i possibili esiti del lancio dei dadi, garantisce una serie di risultati assai vasta e soprat-

---

[13] Innanzitutto, gli artisti sono uomini che vogliono diventare disumani.

ZAHLENTAFEL.

TABLE de CHIFFRES.

Erster Theil. / Premiere Partie.

	A	B	C	D	E	F	G	H
2	96	22	141	41	105	122	11	30
3	32	6	128	63	146	46	134	81
4	69	95	158	13	153	55	110	24
5	40	17	113	85	161	2	159	100
6	148	74	163	45	80	97	36	107
7	104	157	27	167	154	68	118	91
8	152	60	171	53	99	133	21	127
9	119	84	114	50	140	86	169	94
10	98	142	42	156	75	129	62	123
11	3	87	165	61	135	47	147	33
12	54	130	10	103	28	37	106	5

tutto imprevedibile. Il *Musikalisches Würfelspiel* ebbe un enorme successo e nonostante i leciti dubbi il critico A. Landriscina lo ritiene verosimilmente attribuibile a Mozart, a causa del ritrovamento di alcuni appunti relativi proprio a quest'opera. Si può perciò supporre che Mozart lo abbia scritto

> al tempo dell'infanzia, per proprio uso e divertimento, più o meno come molti bambini si fabbricano dei giocattoli.

Così incominciano le istruzioni di questo "gioco":

> Le 176 battute musicali sono divise in due tabelle (*Zahlentafel*) da 88 ciascuna, da destinare rispettivamente alla prima e alla seconda parte del Walzer (*Walzerteil*). Si lanciano i dadi: il risultato ottenuto (da 2 a 12) è indicato verticalmente in numeri arabi sulla sinistra delle tabelle, mentre orizzontalmente, sopra

le tabelle, è riportato in numeri romani il numero progressivo dei lanci (8 per ogni metà del *Walzer*); all'incrocio fra orizzontali e verticali sta il numero di battuta che va estratta dall'elenco delle battute musicali (*Notentafel*) e trascritta. Lanciando i dadi per otto volte si ottengono perciò altrettante battute, che allineate andranno a formare la prima metà del *Walzer*; le battute relative all'ottavo lancio, nella tabella n. 1, presentano, nel rigo inferiore, due diverse linee melodiche, per consentire o il ritornello da capo (linea sotto) o la prosecuzione del *Walzer* (linea sopra). La seconda metà del brano si forma naturalmente allo stesso modo della prima.

Altri ancora hanno sperimentato forme sempre più complesse per coniugare il rigore dei canoni musicali con la creatività, che deve sempre mantenere un certo grado di casualità. Prima dell'arrivo delle macchine elettronica molti si sbizzarrirono a costruire dispositivi meccanici e i dadi ben presto dovettero moltiplicare il numero delle proprie facce per tener conto dell'intera scala cromatica.

Ma non sarebbe completo questo viaggio *cubico* se non si aprissero le porte anche alla *decima arte*. *Zatôichi*, nel film omonimo di Takeshi "Beat" Kitano, è un massaggiatore cieco col vizio del gioco a dadi e micidiale maestro di spada; *Snake Eyes* è il titolo di un altro film. Diretto nel 1993 dal regista Abel Ferrara, fa riferimento alla mossa perdente di un tiro di dadi: intorno a questo gioco si svolgono le vicende del regista Eddie Israel (Harvey Keitel), che ha cominciato le riprese di *Mother of Mirrors* raccontando il fallimento di un matrimonio alto-borghese e dei suoi due protagonisti (Louise Veronica Ciccone, in arte Madonna, e James Russo).

Cube – Il cubo è invece un film di fantascienza del 1997 diretto da Vincenzo Natali, che si svolge all'interno di uno spazio-prigione dove ogni ambiente di forma cubica è collegato con i sei spazi adiacenti, anch'essi cubici. Qui sette persone senza motivo si trovano imprigionate: quando alcune di loro troveranno una via d'uscita da questo incubo a forma di cubo, avranno di fronte a loro la terribile sorpresa di essere in uno spazio alieno.

E così la forma elementare del cubo si coniuga con la complessità dell'incubo e subito la mente va al caleidoscopico *Cubo di Rubik*.

Brevettato in Ungheria nel febbraio del 1978 (brev. n. HU170062) si avvarrà di un primo brevetto negli Stati Uniti registrato nell'agosto 1981 e pubblicato il 29 marzo 1983. Il *United States Patent* 4378116 intitolato *Spatial Logical Toy*, fa ancora riferimento a un parallelepipedo di 3x3x2 cubetti: la forma definitiva

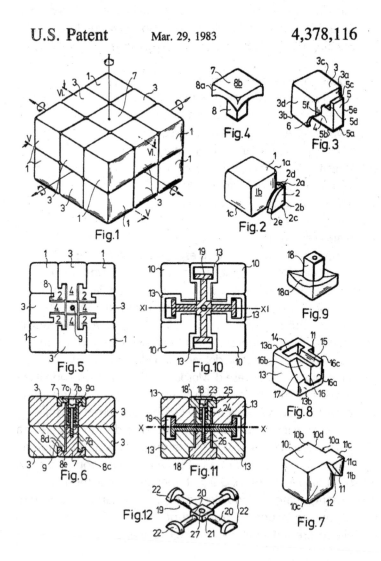

U.S. Patent Mar. 29, 1983 4,378,116

cubica arriverà solo in un secondo tempo. Questa la prima descrizione sommaria, il resto lo conosciamo:

A spatial logical toy is formed from a total of eighteen toy elements, out of which two sets of eight identical toy elements two connecting elements are provided. The elements of the two sets have cam members with hollows with spherical convex or concave surfaces in-between. The elements are connected by the aid of the cams and the two remaining centrally positioned substantially identical connecting elements each having a T-shape cross-section and when assembled the toy is in the form of a regular or an irregular solid. Fixation is performed by one single screw passing through bores in the connecting elements. In such a manner the toy elements forming the lateral faces of the spatial logical toy can be rotated along the spatial axes and by yielding several variation possibilities the toy is well suitable for stimulating logical thinking activity.[14]

Ma se restiamo all'interno del database del *United States Patent Office*, i dadi possono rivendicare uno spazio di pieno rilievo nel Gotha dell'innovazione tecnologica e industriale. Il 21 settembre 1920 veniva pubblicato il brevetto n. 1.353.380 presentato circa un anno prima dal sig. J. L. Church. Il *Dice Game Device*, letteralmente il "dispositivo per il gioco dei dadi" è proposto come strumento oggettivamente perfetto, in quanto evita che i giocatori lancino

---

[14] Questo giocattolo logico a tre dimensioni è formato da diciotto elementi, di cui due serie di otto identici elementi che sono collegati ai due elementi centrali. Gli elementi dei due insiemi presentano delle camme che si innestano in giunti sferici a superfici concave. Gli elementi sono tra di loro connessi per mezzo delle camme e dei due elementi centrali ciscuno dei quali ha una sezione a forma di T. Quando il giocattolo è assemblato può avere la forma di un solido regolare o irregolare. La struttura è fissata per mezzo di una vite passante che attraversa gli elementi centrali di connessione. In tal modo gli elementi che formano le facce laterali di questo giocattolo logico possono essere ruotati intorno ai loro assi rendendo possibile un gran numero di configurazioni. Così questo giocattolo è particolarmente adatto a stimolare il pensiero logico.

personalmente i dadi: con la semplice pressione di un dito su una levetta, si ottiene il rilascio di una molla che provvede a spingere in alto il piattello su cui si sono posati i dadi, permettendo così un lancio assolutamente privo di ogni personale azione.

J. L. CHURCH,
DICE GAME DEVICE.
APPLICATION FILED OCT. 20, 1919.

1,353,380.

Patented Sept. 21, 1920.
2 SHEETS—SHEET 1.

□ □ □
Il filo

Nelle *Fiabe italiane* raccolte a cura di Italo Calvino, un posto certamente importante è occupato dalla fiaba di *Prezzemolina*, una bambina nata da una donna che aveva fatto una scorpacciata di prezzemolo preso nell'orto delle fate.

Ti perdoniamo – aveva detto la fata. – Però se avrai un bambino gli metterai nome Prezzemolino, se avrai una bambina le metterai nome Prezzemolina. E appena sarà grande, bambino o bambina che sia, lo prenderemo con noi!

Fattasi grande, Prezzemolina divenne la serva delle fate e a loro doveva ubbidire nelle fatiche più dure. Ma un giorno arrivò Memè cugino delle fate.

– Che hai che piangi, Prezzemolina? – chiese.

– Piangereste anche voi – disse Prezzemolina, – se aveste questa stanza nera nera da far bianca come il latte e dipingerla con tutti gli uccelli dell'aria, prima che tornino le fate! E se no mi mangiano!

– Se mi dai un bacio – disse Memè – faccio tutto io.

E Prezzemolina rispose: – Preferisco dalle fate essere mangiata Piuttosto che da un uomo essere baciata.

– La risposta è così graziosa, – disse Memè – che farò tutto io lo stesso.

Battè la bacchetta magica. e la stanza divenne tutta bianca e tutta uccelli, come avevano detto le fate.

Memè andò via e le fate tornarono.

– Allora Prezzemolina, l'hai fatto?

– Sissignora, vengano a vedere. Le fate si guardarono tra loro.

– Di' la verità Prezzemolina, qui c'è stato il nostro cugino Memè.

E Prezzemolina: – Non ho visto il cugino Memè. Né la mia mamma bella che mi fé.

L'indomani le fate tennero conciliabolo.

– Come facciamo a mangiarcela? Mah! Prezzemolina!

– Cosa comandano?

– Domattina devi andare dalla fata Morgana e le devi dire che ti dia la scatola del Bel-Giullare.

– Sissignora – rispose Prezzemolina, e la mattina si mise in viaggio. Cammina cammina, trovò Memè cugino delle fate che le chiese:

– Dove vai?

– Dalla fata Morgana, a prendere la scatola del Bel-Giullare.

– Ma non sai che ti mangia?

– Meglio per me, così sarà finita.

– Tieni – disse Memè – queste due pentole di lardo; troverai una porta che batte i battenti, ungila e ti lascerà passare. Poi tieni questi due pani; troverai due cani che si mordono l'uno con l'altro; buttagli i pani e ti lasceranno passare. Poi tieni questo spago e questa lesina, troverai un ciabattino che per cucire le scarpe si strappa barba e capelli; daglieli e ti lascerà passare. Poi tieni queste scope; troverai una fornaia che spazza il forno con le mani, dagliele e ti lascerà passare. Bada solo di far svelta.

Prezzemolina prese lardo, pani, spago, scope e li diede alla porta, ai cani, al ciabattino, alla fornaia; e tutti la ringraziarono. Trovò una piazza e nella piazza c'era il palazzo di fata Morgana. Prezzemolina bussò.

– Aspetta, bambina – disse fata Morgana, – aspetta un poco. Ma Prezzemolina, che sapeva che doveva far svelta, corse su per due rampe di scale, vide la scatola del Bel-Giullare, la prese, e via di corsa.

La fata Morgana sentendola scappare, s'affacciò alla finestra.

– Fornaia che spazzi il forno con le mani, ferma quella bambina, fermala!

– Fossi matta! Dopo tanti anni che fatico, mi ha dato le scope per spazzare il forno!

– Ciabattino che cuci le scarpe con la barba e i capelli! Ferma quella bambina, fermala!

– Fossi matto! Dopo tanti anni che fatico, m'ha dato lesina e spago!
– Cani che vi mordete! Fermate quella bambina!
– Fossimo matti! Ci ha dato un pane per uno!
– Porta che sbatti! Ferma quella bambina!
– Fossi matta! M'ha unta da capo a piedi!
E Prezzemolina passò.

Come la fiaba finisca è facile intuirlo, perché Memé, aiutata Prezzemolina a sfuggire all'ira delle fate, finalmente ottenne l'agognato bacio e se la sposò.

Lo spago donato al ciabattino, che invece usa barba e capelli per riparare le scarpe è uno dei tanti oggetti che donati da un essere extra-naturale, proprio come fu il fuoco di Prometeo, permettono a Prezzemolina di non soggiacere alle forze del male. Mito e fiaba si mescolano alle origini del nostro sapere: proprio come accade per i proverbi:

Chi ha pazienza col filo, ha pazienza anche col marito.
Col filo e con l'ago si mantiene la poverella.
Più la fili, più si spezza.
Per fare i punti lunghi ci va poco filo.
La trista sartoraccia mette il filo più lungo del braccio.
Chi sta sotto annoda i fili, chi sta sopra ride e sciala.
Il filo si rompe dal capo più debole.
Tre fili fanno uno spago, tre spaghi fanno una corda.
Quando il sacco è pieno bisogna legarlo collo spaghino.
Chi ha spago, aggomitoli.

Ma i proverbi non sono solo saggezza popolare e spesso rappresentano lo spirito, il carattere essenziale di una civiltà.

Al mondo, si sa, può accadere di tutto: alla roulette, il peggio ha sempre più spago del meglio (qualche volta però, chissà come, il meglio vince. A Napoli lo chiamano *'o miracolo*.)

Così scrive Ermanno Rea in *La dismissione* e "dare spago" può diventare un intercalare caratteristico di un *Lessico famigliare*, come accade assai di frequente a Natalia Ginzburg:

Non dà spago! non parla! – diceva mia madre di me. L'unica cosa che poteva fare con me, era portarmi al cinematografo: io però non accettavo sempre le sue esortazioni ad andarci.

Un filo di spago diviene anche il titolo di un libro (CISU, Roma 2002). Lo fa Gianni Tomasetig, che ripercorre lungo il dipanarsi di uno spago, forse molto simile a quello con cui si intrecciavano le tabacchiere della nonna, gli attimi della sua vita di peregrinazioni (autobiografiche) dalla sua valle nel Friuli, al confine con la Slovenia, sino alla capitale. Una *Bildung* narrata a filo di spago:

> Un giorno, il mese scorso, mi arrivò da Trieste un pacco che, per la straordinaria precisione della sua confezione, per l'accuratezza delle piegature della carte e delle legature dello spago riconobbi subito opera del famoso Carletto, già commesso e poi socio della Libreria Antiquaria di Umberto Saba, che, da una trentina d'anni, fa fedelmente mostra, nei pacchi che egli prepara, di uno spirito di conformistica regolarità così inalterabile da diventare quasi poetica.

Uno spago può essere un indizio e questo, che fa da incipit allo scritto di Carlo Levi, *Su un vecchio manoscritto di Umberto Saba*, diventa poesia pura. Ma altre volte, proprio un filo di spago diventa indizio di ben altre emozioni:

> L'uomo rosso si ergeva possente in mezzo allo spiazzo, e affilava il coltello. Teneva in bocca, per avere libere le mani, un grosso ago da materassaio; uno spago, infilato nella cruna, gli pendeva sul petto; e aspettava la prossima vittima. [...] La scrofa urlava, la giovane donna si fece il segno della croce, e invocò la Madonna di Viaggiano, fra il mormorio di partecipe consenso di tutte le altre donne; e l'operazione cominciò. Il sanaporcelle, rapido come il vento, fece un taglio col suo coltello ricurvo nel fianco dell'animale: un taglio sicuro e profondo, fino alla cavità dell'addome [...] quando tutto fu rimesso a posto, l'uomo rosso si cavò di bocca, di sotto i gran baffi, l'ago infilato, e con un punto, e un nodo da chirurgo, chiuse la ferita. La scrofa, liberata dai ceppi si mise a correre...

Il castratore di porci è un personaggio avvolto da un'aura magica, ancestrale: "un sacerdote druidico" lo chiama Carlo Levi. Se, sempre nel Sud, poi incontri una *macara*, ovvero una fattucchiera, come ci racconta in un anfratto di internet Daniela Romano, può accadere che un filo di spago sia al centro di un sortilegio, anche se Dante affermava che queste donne

triste che lasciaron l'ago
la spola e il fuso e fecersi indovine
fecer malie con erbe e con imago

(Inferno, XX, 121-123)

Il fuso, l'ago e la spola è pur sempre una famosa fiaba dei Fratelli Grimm dove le streghe non mancano... E la macara della Romano appare così per incanto:

Mi chiede che tipo di fattura voglio, fiacca (a morte) o bona (d'amore) e se ho un oggetto della persona da striarisciare. Le porgo una ciocca di capelli. Prende un'arancia – simbolo della sfericità della terra – la bagna di cera; ne fa un buco e vi mette dentro la ciocca di capelli. Lega il frutto con uno spago sudicio, fissandolo con un nodo, e inizia a conficcarvi aghi e spille. Ad ogni spilla, un incomprensibile scongiuro. Mi affida l'arancia e mi raccomanda di custodirla in un cassetto o sotto un materasso. Il cuore dell'amato sarà "annodato" come lo spago che cinge l'arancia, e sarà fedele finché l'arancia sarà al sicuro, in luogo nascosto. Poi mi spiega che se la fattura non esce, posso provare io stessa in altri modi.

Il "filo" è una parola che deriva dal latino *filum*, ovvero da *fig-lum*, in cui è presente la radice di *figgere*, e dal greco *sphiggein*, che significa legare, stringere. Se si cerca invece l'etimologia nel mondo arabo, allora verrà in soccorso la parola *bhadh*, legare.

Afferma il Pianigiani che *spago* (*ispau* in sardo e *spali* in friulano) deriva dal basso latino *spacus,* che il Ferrari crede detto per *sparcus*, contratto da *sparticus*, supposta forma aggettivale di *spartum* (in greco, *sparton*), pianta con le cui fibre si facevano le funi. Altri invece lo fanno derivare dal greco *spào*, io tiro; e altri ancora dall'arabo *espab*, fune.

"Fin dai tempi che Berta filava…" sta a indicare come l'arte del filare fibre vegetali o animali sia stata una delle primissime attività tecnologiche dell'uomo all'alba della storia. Nella Bibbia (*Genesi*, 14. 21-23) si legge che

> il re di Sòdoma disse ad Abram: "Dammi le persone; i beni prendili per te". Ma Abram disse al re di Sòdoma: "Alzo la mano davanti al Signore, il Dio altissimo, creatore del cielo e della terra: né un filo, né un legaccio di sandalo, niente io prenderò di ciò che è tuo; non potrai dire: io ho arricchito Abram".

Il filo, sistema di fibre, ma *cosa* elementare di ogni tessuto, è pur sempre elemento di ricchezza, oggetto fondamentale in ogni civiltà. E ciò non cambia neppure dopo due millenni.

> – E come lo cucirai? – domandò Tullio.
> – Niente cucire – disse Giulia. – Non c'è filo. Lo legheremo con lo spago. Non sarà molto bello, ma non ha proprio niente, sai, solo la camicia.
> – Bisognerà procurarle qualche cosa – disse Tullio, piano.
> – Basterebbero le scarpe – disse Giulia.
>
> (*Il cielo è rosso*, Giuseppe Berto)

Altre volte il filo, un filo rosso di porpora, indizio di distinzione, è assunto come segno della primogenitura, anche se gli eventi sembrano poi prendere un altro corso:

> Circa tre mesi dopo, fu portata a Giuda questa notizia: "Tamar, la tua nuora, si è prostituita e anzi è incinta a causa della prostituzione". Giuda disse: "Conducetela fuori e sia bruciata!". Essa veniva già condotta fuori, quando mandò a dire al suocero: "Dell'uomo a cui appartengono questi oggetti io sono incinta". E aggiunse: "Riscontra, dunque, di chi siano questo sigillo, questi cordoni e questo bastone". Giuda li riconobbe e disse: "Essa è più giusta di me, perché io non l'ho data a mio figlio Sela". E non ebbe più rapporti con lei. Quand'essa fu giunta al momento di partorire, ecco aveva nel grembo due gemelli. Durante il parto, uno di essi mise fuori una mano e la levatrice prese un filo scarlatto e lo legò attorno a quella mano, dicen-

do: "Questi è uscito per primo". Ma, quando questi ritirò la mano, ecco uscì suo fratello. Allora essa disse: "Come ti sei aperta una breccia?" e lo si chiamò Perez. Poi uscì suo fratello, che aveva il filo scarlatto alla mano, e lo si chiamò Zerach.

(*Genesi*, 38, 24-30)

Segnale segreto di salvezza è il filo rosso che la prostituta Raab, dietro il consiglio delle due spie inviate da Giosué a Gerico, appende alla propria finestra affinché la propria famiglia non venga sterminata:

Quando noi entreremo nel paese, legherai questa cordicella di filo scarlatto alla finestra, per la quale ci hai fatto scendere e radunerai presso di te in casa tuo padre, tua madre, i tuoi fratelli e tutta la famiglia di tuo padre.

(*Giosué*, 2,18)

Ma il filo è anche strumento di misura, sia quando serve per fornire le dimensioni delle colonne del tempio distrutto dai Caldei:

Delle colonne (di bronzo) poi una sola era alta diciotto cubiti e ci voleva un filo di dodici cùbiti per misurarne la circonferenza; il suo spessore era di quattro dita, essendo vuota nell'interno.

(*Geremia*, 52,21)

Sia quando il filo a piombo è segno della maestria del costruttore e della sua capacità di edificare:

Le mani di Zorobabele hanno fondato questa casa: le sue mani la compiranno e voi saprete che il Signore degli eserciti mi ha inviato a voi. Chi oserà disprezzare il giorno di così modesti inizi? Si gioirà vedendo il filo a piombo in mano a Zorobabele.

(*Zaccaria*, 4,9-10)

Il filo a piombo, così, porta subito la mente all'archipendolo, uno strumento per battere i piani, sia orizzontali sia inclinati. Esso è costituito da una squadra al cui vertice tra i due cateti eguali è appeso un filo a piombo che intercetta il terzo lato, l'ipotenusa, su cui è segnata una scala graduata. La traccia del filo su questa scala indica l'inclinazione. Era strumento già noto ai Romani e un'ara votiva conservata al Museo Archeologico di Aquileia (Inv. n. 52247) dedicata da L.

Alfius Statius ai propri parenti e liberti, mostra in bassorilievo, a fianco di una squadra (*norma*), di una riga graduata (*cubitus*), di un martello e di un compasso, anche un filo a piombo e un archipendolo (*libella*).

El quale saprai per alcuno strumento detto archipendolo e, per Vitruvio e Frontino e gli altri architettori, ditto libella, che di sotto te 'l mostraró. E alora, per lo capo dela pertica di sotto, poni il filo col piombo. E lascia andare sopra la linea, dove il piombo cade, quivi, con quella pertica, incomencia a misurare col detto ordine. E cosí farai infino a tanto che harai compiuta tutta la declinatione.

Così Luca Pacioli scriverà nella *Distinctio quarta. Capitulum tertium. 35* del *Tractatus geometrie. Summa de Arithmetica et Geometria, Proportioni et Proportionalita Pars II*, uscito a stampa nel 1494. E infatti Vitruvio spesso ritorna sull'uso della *libella*: per costruire le mura di una città (*De Architectura*, I, VI, 6), per disporre i mattoni a spirale nella costruzione delle colonne (*De Architectura*, III, IV, 5 e anche III, V, 8), per mantenere in piano i pavimenti (*De Architectura*, VII, I, 3), per costruire e mettere in esercizio una coclea di Archimede (*De Architectura*, X, VI, 1).

La *libella* è anche oggetto presente in un mosaico pompeiano proveniente dal triclinio della bottega R.I,5,2 (Napoli, Museo Archeologico Nazionale, inv. 109982). La simbologia dell'immagine, in cui campeggia un teschio attorniato dagli strumenti da muratore, esprime allegoricamente la caducità della vita e l'incombere della morte. È l'archipendolo, da cui pende il filo a piombo, lo strumento che simbolicamente tutto eguaglia: dai suoi estremi pendono in perfetto equilibrio i simboli del potere (a sinistra, lo scettro e la porpora e, a destra, la bisaccia e il bastone, simboli della povertà). La farfalla, che apre le proprie ali sulla

ruota a sei raggi, simbolo del mutare, e che sostiene il teschio, è simbolo dell'anima, che appunto in greco si chiama, come l'insetto, *psukhé*.

L'archipendolo resterà simbolo di equilibrio sino a tutta l'età barocca. Repertorio di soggetti allegorici, o emblemi morali, l'*Iconologia* di Cesare Ripa fu edito per la prima volta a Roma, per gli Eredi di Giovanni Gigliotti, nel 1593, senza illustrazioni, poi ripubblicato, sempre a Roma, presso Lepido Faci, nel 1603, con un ricco corredo di xilografie che da sempre furono considerate derivate in gran parte dai disegni di Giuseppe Cesari, detto il Cavalier d'Arpino, famoso pittore del tempo. Ampliata dall'autore, l'*Iconologia* fu più volte ristampata: a Padova per i tipi di Pietro Paolo Tozzi nel 1611 e nel 1618 (nella stamperia del Pasquati), a Siena per gli Eredi di Matteo Florimi nel 1613, infine a Parma, nel 1620, in tre volumi. Traduzioni e nuove edizioni si susseguirono ancora per tutto il XVIII secolo. Le allegorie, impersonate da uomini e donne, si arricchiscono di oggetti simbolici che stigmatizzano le caratteristiche salienti di questa virtù o di quell'atteggiamento, di una disciplina o di una regione.

L'Etica è donna d'aspetto grave, terrà con la sinistra mano l'istromento detto archipendolo, et dal lato destro haverà un leone imbrigliato. L'Etica significa dottrina di costumi, contenendosi con Ella il concupiscevole et irascevole appetito. [...] L'archipendolo ne dà per similitudine ad intendere, che si come all'hora una cosa essere bene in piano si dimostra, quando il filo pendente tra le due gambe di detto istrumento non trasgredisce verso veruno degl'estremi,

così questa dottrina insegna l'huomo, che alla rettitudine et uguaglianza dela ragione il sensuale appetito si conforma, quando non pende a gl'estremi, ma nel mezo si ritiene.

Ritorniamo a Napoli. E come non si può allora ricordare la famosissima poesia *'a livella*, di Antonio De Curtis, a tutti più noto come Totò?

[...] Tu qua' Natale...Pasca e Ppifania!!!
T'o vvuo' mettere 'ncapo...'int'a cervella
che staje malato ancora e' fantasia?...
'A morte 'o ssaje ched"e?...è una livella. [...]

Il filo, anzi lo spago, diventa invece elemento essenziale di una trappola che viene tesa a ignari Boscimani nella *Bella vita e guerre altrui di Mr. Pyle, gentiluomo* di Alessandro Barbero:

L'olandese installò un fucile dietro le rocce che circondavano la sorgente, lo caricò a mitraglia, legò al grilletto uno spago dissimulato sotto la sabbia e all'altro capo una borsa di tabacco, poiché si sa che i Boscimani, proprio come gli olandesi, vanno pazzi per il tabacco. L'indomani mattina udì l'esplosione e andò a vedere.

Oppure può essere lo strumento di tortura nella società degradata dei *Ragazzi di vita* che Pierpaolo Pasolini racconta nella quotidianità di una Roma periferica e misera, come a stento oggi possiamo immaginare:

– Lasseme, a fijo de na mignotta –
– Tiè –, gli disse e gli sputò dentro un occhio; poi lo strinse di brutto, e aiutato dallo Sgarone e dal Tirillo, lo spinse contro il pilone, e gli legarono con uno spago i polsi a un uncino di ferro che sporgeva dal cemento. Ma benché così appeso il Piattoletta continuava a dar calci e a agitarsi, gridando.

Ricorda Francesca Rigotti che la vita, si dice, è sospesa a un filo.

Ma è abbastanza evidente che il verbo *di-pendere* rimanda all'idea di pendere da un filo, cosi come di pendere in quanto dipendere. Ed è sorprendente, quanto spesso la metafora sui fili e la tessitura sia stata utilizzata per allacciarsi al significato del destino dell'uomo.

Filare è, lo si ripete, un gesto lungo e monotono, ripetitivo, ma creativo perché unisce e lega ciò che per natura sarebbe soltanto arruffato e caotico, come un grumo di peli dimenticato dalla ramazza sotto un armadio.

Il filo del destino alla quale siamo tutti quanti inevitabilmente legati, nella tradizionale mitologia greca è dominato dalle Parche o Moire, cosi come testimoniano anche i loro nomi; Lachesi (da *lancano* "toccare, avere in sorte") o colei che assegna le sorti alla nascita: Cloto (da *klotho*, "filare, torcere il filo") colei che fila i destini umani; Atropo (da alfa privativo e *trepo* "girare, voltare") colei che rende impossibile tornare indietro. Le Moire filano i giorni della nostra vita e la lunghezza del filo dipende esclusivamente da loro: nemmeno Zeus può modificarla.

(*Il filo del pensiero*, Francesca Rigotti)

E poi c'è il mito di Aracne di cui parla la Rigotti, indicandone la temerarietà nello sfidare gli dei. Le replica Luciano Ghersi che, a conclusione del suo libro *Piedi che aprono, mani che battono* (http://www.hypertextile.net/tessimilia/index.htm), afferma:

Certamente però, fin dall'inizio, un'umana qualsiasi, Aracne, tesseva assai meglio di Athena. Tant'è vero che la femmina olimpica (Athena) straccia per invidia la tela di Aracne e la trasforma crudelmente in un ragno. Dietro alla classica "Invidia Divina", qui si allude a un tipico episodio di "pulizia mitica": Aracne è uno spirito Mediterraneo, che fu detronizzato durante l'invasione religiosa degli Olimpi. Di fronte ai nuovi dèi, dal volto umanizzato, l'aspetto animale degli antichi apparve improvvisamente mostruoso. Prevalse il filo del discorso di Athena, così umana e ragionevole, tutta lingua benedetta, sfilata in diretta dal cranio di Zeus. Tanto logico, il Logos! Dopo insuccessi secolari del Logos, non è forse più logico rianimare quel filo, che sbuca dal ventre animale di Aracne? Aracne, che dondola e tesse leggera, al ritmo delle otto zampine. Pure l'umano tessitore è sospeso e dipende da quel filo, che lui stesso secerne e governa. Tra le zampe del telaio, al ritmo degli arti duplicati. Figura alquanto bestiale e grottesca ma fedele allo Spirito dell'arte più leggera: "colui che danza, ama sempre le maschere / e in maschera, è colui che danza sempre".

Ma non è del tessere che ci si vuole occupare, perché le cose semplici devono rimanere nella loro elementare semplicità. Ad altri indagare, per esempio ancora, le complessità dei nodi, che pur richiedendo per la loro esistenza la presenza di fili richiamano l'attenzione e il gioco di altre culture, più elaborate, più razionali, più matematiche.

Il filo nell'antichità si produceva con il metodo tradizionale della rocca e del fuso. La rocca era una semplice canna spezzata nella sua lunghezza, in cui si disponevano le fibre o i peli grezzi, preventivamente cardati e ridotti a stoppone. Con una mano la filatrice prelevava un capo delle fibre e le stirava arrotolandole, con l'aiuto della rocca, un'astina di legno su cui era disposto un piccolo volano, in legno duro o anche in pietra, che ne facilitava il mantenimento in rotazione e contribuiva alla torcitura. Il filo così prodotto, al fine di non far toccare terra al fuso, veniva periodicamente avvolto a gomitolo sul fuso stesso. Solo nel Medioevo, quando si comprese che per far funzionare una sistema biella-manovella era necessaria l'introduzione di un volano per vincerne i punti morti, fu finalmente possibile giungere alla realizzazione pratica dell'arcolaio che repentinamente si sostituì ai metodi tradizionali di filatura.

Nel *Salterio di Luttrell* (1325-1335) si ritrova un'illustrazione di un arcolaio a volano, ma ancora mosso da una manovella: pochi anni più tardi si affermeranno le nuove tecnologie a pedale che permettevano alla filatrice di avere entrambe le mani libere per manipolare il filo. Dovranno ancora trascorrere alcuni secoli prima che la filatura meccanica faccia dimenticare anche l'arcolaio, che ancora agli inizi del '700 è macchina di grande rilievo sociale.

Anche la poesia religiosa prende questa macchina come esempio e lo stesso Edward Taylor, vissuto in America a cavallo tra il XVII e il XVIII secolo, nella sua lirica intitolata *Huswifery*, che significa "lavori domestici", così prega:

> Signore, fa' completamente di me il tuo Filatoio;
> della tua Santa Parola fa per me la Conocchia.
> Dei miei affetti fa le tue Ruote Veloci,
> e fa che la mia Anima sia il tuo Santo Rocchetto [...]

perché il filo è la metafora della vita di cui Dio è l'artefice.

Tra il 1622 e il 1623 Francesco Bacone progetta un'opera immensa intitolata *Historiae*, in cui si sarebbero dovute raccogliere le narrazioni dei processi evolutivi delle arti e delle imprese umane: di essa ci resta solo un *Catalogus historiarum particolarium secundum capita* (Londra 1620) e soltanto alcuni abbozzi furono pubblicati postumi nel 1638. In questo catalogo, al numero 93, appare la *Storia delle manifatture della seta e delle arti sussidiarie* e al 94, la *Storia delle manifatture del lino, della canapa, del cotone, delle setole, e di altri tipi di filo, e delle loro arti sussidiarie*. Difficili erano i contatti tra l'Italia e l'Inghilterra e non abbiamo, per esempio, alcun documento che provi se Francesco Bacone abbia conosciuto il suo contemporaneo Galileo Galilei. Non sappiamo neppure se avesse avuto tra le mani il famoso *Novo teatro di machine et edificii* stampato a Padova nel 1607, dove tra l'altro aveva trascorso anni felici il Galilei.

Bellissima assai maravigliosa è la Fabrica del filatoio ad acqua perciocché si vede in essa tanti movimenti di ruote, fusi, rotelle et altre sorti di legni per traverso, per lo lungo, et per diagonale, che l'occhio vi si smarisce dentro a pensarvi, come l'ingegno humano habbia potuto tanta varietà di cose, di tanti movimenti contrarij, mossi da una sol ruota, che ha il moto inanimato.

È questa la prima rappresentazione e descrizione a stampa di un torcitoio da seta, mosso da una ruota idraulica: due xilografie a piena pagina, quattro pagine fitte di dettagli, due minuziose legenda. La ruota a palette è immersa in un canale, il *balatrone* (o *baratrone*), in cui l'acqua scorre con notevole velocità. Dalla ruota il moto si trasmette, per il tramite di due coppie di ruote dentate, al piano dei torcitoi, alle "machine", come le chiama con rispetto lo Zonca. Attorno all'albero della macchina

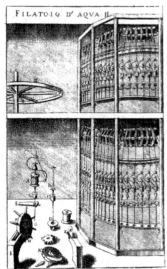

si partono a guisa di stella otto legni pe'l traverso verso la ruota, et escono per alquanto spazio fuori di quella in modo che sopra l'estremità loro s'innalzano altri otto legni chiamati colonnelli.

Sono le colonne che costituiscono l'ossatura portante della torre di sostegno. "Attorno questi colonnelli vi sono collocati altri legni diagonalmente, che si chiaman Serpi" a forma di S e costituiscono i denti elicoidali di una ruota di trasmissione a denti; "urtano e spingono all' insuso i bolzonelli delle rotelle", che vengono così poste in rotazione. In tale maniera il moto rotatorio della ghirlanda provoca la rotazione delle rotelle a cui è collegato il meccanismo dei naspi.

Sonovi ancora posti all'albero della ghirlanda, quattro legni pe'l traverso [...] et hanno detti traversi ai loro capi un'altro legno di proporzion circolare pe'l traverso, il qual legno è fasciato dalla parte di fuori di corame, acciocché [...] vada raschiando i fusi de' rocchelli, mandandoli attorno.

Attorno al tamburo centrale rotante è posto un cilindro fisso, sul quale a vari ordini (*varghi*) sono disposti i naspi e i rocchelli. Il filo di seta, svolgendosi dal rocchello, dopo alcuni passaggi obbligati, si avvolge ritorto sull'aspo. L'intensità e il verso della torcitura può essere variata cambiando i rapporti della trasmissione tra ghirlanda e ruote a bolzoni.

Ma produrre un filo di seta è (solo meccanicamente) più semplice, perché si tratta di addoppiare e ritorcere lunghe bave, prodotte dal baco e tratte dal bozzolo immerso in acqua calda: un lavoro da "maestre", come si chiamavano le filandere, la cui abilità stava appunto nello svolgere ciò che aveva fatto un bruco a cui era stato negato il completamento della metamorfosi.

La tela del ragno diventa invece l'icona per un emblema delle *Devises heroïques* di Claude Paradin, pubblicato a Lione nel 1557. Con il titolo *Lex Exlex*, ossia "legge/fuorilegge", il Paradin ricorda come il filosofo Anacarsi paragonasse le leggi alle tele dei ragni, che prendono piccole mosche, farfalle e altre bestioline e si lasciano attraversare da animali più grossi e forti. Infatti le leggi per una loro malvagia interpretazione lasciano indenni i forti e i potenti e invece infieriscono con rigore su coloro che sono "povres, imbeciles, foibles et petis".

Sul tema della metamorfosi e delle tele dei ragni, ritornando indietro ai tempi del mito, perché non ricordare ciò che Ovidio aveva raccontato di Aracne?

La dea del Tritone aveva seguito con attenzione il racconto
delle Muse, elogiando il canto e giustificandone l'ira.
Ma poi, tra sé: "Lodare va bene, ma anch'io voglio essere lodata,
non lascerò che si disprezzi la mia divinità impunemente!".
E s'impegnò a perdere Aracne di Meonia, che (l'aveva udito)
non voleva riconoscerle il primato nell'arte
di tessere la lana. Non per ceto o stirpe lei era famosa,
ma per maestria d'arte. Suo padre, Idmone Colofonio,
tingeva imbevendola con porpora di Focea la lana;
morta era invece la madre, una popolana
come il marito. Ma Aracne, malgrado fosse nata da famiglia
umile e nell'umile Ipepe abitasse, con la sua maestria
s'era fatta un gran nome nelle città della Lidia.
Per ammirare la meraviglia dei suoi lavori, avvenne
che le ninfe del Timolo lasciassero i loro vigneti
e che quelle del Pactolo lasciassero le loro acque.
E non solo era un piacere ammirare i tessuti finiti,
ma la loro creazione, tanta era la grazia del suo lavoro.

Sia che iniziasse a raccogliere la lana grezza in matasse
o, filandola con le dita, un dopo l'altro ne ammorbidisse
con largo gesto i bioccoli simili a nuvolette,
sia che ruotasse il fuso levigato con lievi tocchi del pollice
o con l'ago ricamasse, era chiaro che l'ammaestrava Pallade.

(*Metamorfosi*, Libro VI, vv. 1 sgg., Publio Ovidio Nasone)

La maestria di Aracne – ricordiamo che in greco *aràchne* significa
ragno ed è sostantivo femminile – non è solo nel tessere, ma
anche nel produrre il filo, proprio come fa in natura il laborioso
insetto. E la punizione della figlia di Idmone Colofonio, trasforma-
ta dalla dea in insetto, è stata celebrata in un affresco di Luca
Cambiaso nel Palazzo Doria (già Spinola) di Genova, ma forse
ancor più noto è il dipinto di Diego Rodríguez de Silva Velázquez
del 1648, *Las hiladeras o La fábula de Aracne*, conservato al Prado.
Paolo Veronese aveva ben prima (1575-77) raffigurato in una sua
tela posta sul soffitto nella Sala del Collegio del
Palazzo Ducale a Venezia, Aracne intenta ad
ammirare la tela di un ragno. Il titolo del dipinto, *Aracne, ovvero la Dialettica*, riporta ancora
una volta il filo e il filare, sul filo del discorso.

Nell'età barocca il fiorire della simbologia
delle immagini non rimase indenne neppure
dalla presenza di fili e di trame. Il già citato
Alciato nel *Livret des emblems* pubblicato nel
1536 presenta una scena di due cordai che
intrecciano fili.

Impiger haud cessat funem contexere sparto,
Humidaque artificis iungere fila manu:
Sed quantum multis vix torquet strenuus horis,
Protinus ignavi ventris asella vorat.
Foemina iners animal, facili congesta marito
Lucra rapit, mundum prodigit inque suum.[15]

---

[15] Senza sosta, non si ferma nel torcere una fune con lo sparto / e unisce i fili con
l'umida mano l'artigiano: / ma quanto il solerte a mala pena ritorce in molte ore
/ tanto lo divora un'asinella dall'improduttivo ventre. / La donna è un animale inet-
to, dall'ignaro marito raccolti / ruba i guadagni e li dissipa nel suo mondo.

Il riferimento è alla leggenda di Ocno, riportata da Pausania (*Periegesis* 29.2), da Properzio (*Elegies* 4.3.21) e da Erasmo da Rotterdam (*Adagia* 383), Ocno si sforzava a intrecciare una fune, ma non si accorgeva che il frutto delle sue fatiche veniva divorato da un'asina, dietro le sue spalle. E l'emblema, con un po' di misoginia, si rivolgeva a quella donna che, "animale pigro" dissipa il lavoro del marito in futili monili.

> Come un globo sospeso da un sottile filo tale è la Città di Cristo, beata di nome, dove nulla è più sicuro, e nulla è più instabile.

Con questo motto Theodore de Bèze presenta nelle sue *Icone* (1580) l'immagine di una città sospesa a un filo retto da una mano divina che esce dalle nuvole.

Ma dopo questa digressione, avviati dalla pittura alla allegoria, si ritorna al secolo dei lumi e dell'industria. Sulle *planches* dell'*Encyclopédie* di Diderot e D'Alembert, il *Moulin de Piémont*, il torcitoio da seta alla piemontese, trafugato da Bologna nella regione subalpina per farne il cardine dello sviluppo di questo secolo, occupa un posto di assoluto prestigio. Ma si passi piuttosto al filo e alla filatura. Sull'*Encyclopédie*, il termine *filature* attiene alla sola seta:

> FILATURE, s. f. (Manifatture di seta) è termine che si riferisce al luogo ove avviene la torcitura (*moulinage*) della seta sia essa di prima o di seconda, che produce l'organzino, pronto per essere messo in tintura.

La lana e il cotone sono prodotti da un'operazione che in Francia è chiamata invece *filage*. Così sempre si può leggere nelle voci dell'*Encyclopédie* in relazione alla lana:

> *FILAGE*. Filare la lana è ridurre in filo le fibre che il cardatore o il pettinatore ha steso assieme e parallele sino a raggrupparle in un insieme, (uno stoppone) lungo, stretto e allineato. Il filatore deve evitare i difetti più comuni: il torcere troppo il filo che porterà dei difetti nel tessuto che andrà a formare; il torcere un filo di spessore diseguale. Sembra che questi due

difetti si siano potuti evitare con l'invenzione di macchine che torcono il filo delle caratteristiche desiderate, con costanza e perfezione.

Le *machines* a cui si fa riferimento, alla metà del secolo diciottesimo, non si sono ancora diffuse in Francia. In Inghilterra invece già nel 1740 qualcosa sta cambiando. In quell'anno si ha infatti notizia che Paul Lewis nella sua fabbrica fila a macchina il cotone. Otto anni dopo Paul brevetta la cardatrice meccanica, che è il primo passo per potere meccanizzare il processo di produzione del filo di lana e di cotone in maniera completamente meccanica.

Bisogna però aspettare il 1764 perché il meccanico e industriale James Hargreaves costruisca il primo prototipo di *Jenny* a otto fusi: è una macchina che scorre su due rotaie ed è mossa ancora a mano, ma nella sua cosa alternativa produce il filato in maniera sorprendentemente veloce. Nella corsa di andata, dallo stoppone il filo è tirato e ritorto, in quella di ritorno, il filo è avvolto sui rocchetti. Nel 1769 Richard Arkwright

brevetta il filatoio idraulico per l'industria cotoniera: ha così inizio la vera filatura industriale. L'anno seguente Hargreaves brevetta la *Jenny* con sedici fusi. Compaiono nello Yorkshire le prime cardatrici a motore.

Finalmente nel 1779 Samuel Crompton unifica i principi della *Jenny* e del filatoio idraulico, in un filatoio intermittente (*mule jenny*): il successo è enorme e già nel 1784 si conoscono *Jennies* a 24 fusi. Quando l'anno seguente scade il brevetto del filatoio di Arkwright, la macchina si diffonde rapidamente. Nel medesimo anno la macchina a vapore di Boulton e Watt viene impiegata per la prima volta in uno stabilimento di filatura. Passano quindici anni e nelle fabbriche inglesi le *Jennies* vengono a muovere sino a 120 fusi. La Francia, bloccata dalla guerra con l'Europa, dovrà attendere il crollo dell'impero napoleonico per vedere diffondere appieno queste nuove tecnologie.

Sull'*Encyclopédie* appare anche un'altra voce:

> FILÉ, aggettivo con funzione di sostantivo (*Nastri*). È il filo d'oro o d'argento su seta e in questo casi si dice *F. fin*, oppure su un'altra fibra, e in allora si dice *F. faux*. Vi sono differenti grandezze contrassegnate da numeri, da 2 S a 7 S.

L'oro, come anche l'argento e altri metalli duttili, si riescono a ridurre in filo: è un'arte antica che via via si meccanizza. I fili d'oro sono uniti ad altri fili più resistenti per riceverne il supporto e i tessuti che così si producono assumono brillantezza e valore. Il filo si produce con la trafila, un semplice strumento metallico in cui è praticata una serie di fori, leggermente svasati, a diminuire di diametro, e di sezioni decrescenti. Cominciando dal più grande, in essi è introdotta l'estremità di una barretta di metallo preventivamente appuntita sull'incudine. Afferratane con una pinza la coda che fuoriesce dal foro, si procede alla "tiratura". Una volta completata l'operazione per tutto il filo, questo si passa nella trafila successiva e di diametro minore, e così via sino al raggiungimento del diametro voluto. Vannoccio Biringucci, nel suo trattato *De la pirotechnia* (Venezia, 1540), così descrive gli usi e gli impieghi dei fili metallici:

> Come che ve è noto che per fare panni d'oro o recamare d'oro, o fare lavoro d'oro reportati di straforo è necessario tirare l'oro in filo, quale per la sua dolcezza così come si batte et fa pannelle per ornamenti di pitture, così si può ancho facilmente tirare come anchora il medesimo si fa de l'argento e dello stagno, et credo ancho si farebbe del ferro et del rame et del ottone, il quale anchor che non sia molle come li sopradetti si vede che per battarlo tanto si estende et se asottiglia, che per havere un ombra di similanza nel color de l'oro se ne fa quelle bande sottili e sonanti che il vulgo chiama orpello. Et in somma si tira il filo per li bisogni delle legature tenace che hanno a entrare in fuocho dallo stagno et piombo in fuore ogni metallo et in ogni sottigliezza et longhezza come pare a

l'artefice, et in particulare di quel che si fa de l'oro et de l'argento quale è di forte longo et sottile tanto che non altrimenti che il lino o lana si tesse in tele per vestire et ancho in compagnia della seta con nissuna disuguaglianza si raccama, gli orefici anchora ne tirano per fare facili et più vaghi gli ornamenti delle opere loro, et così tal lavori riportati et bene saldi, o d'argento o d'oro che sieno sonno quelli che chiamano per il vulgo strafori.

(*De la pirotechnia*, Libro IX, capitolo VIII, Vannoccio Biringucci)

E poco più avanti dice che è pratica che deve essere eseguita "con grande patientia", procedendo

in due modi che l'uno è il tirare a torculo grosso con l'arganetto et l'altro a rotella piccola a mano, havendo prima col martello redutta la verga tonda et tanto longa quanto più si può. Di poi si deve ritorcere et recotta comunemente si conduce a uno arganetto fatto in piano commesso in uno telaro, overo alla forza d'una vite, o pure a uno argano grosso biligato per ritto. Et a qual si sia di questi o altri strumenti, o a tirare s'adatta le trafile d'acciaro longhe mezzo palmo con più ordini di buchi per dentro di grandezza succedente l'un a l'altro in ceppi di legnami bene fermi, et appresso con un paro di tanaglioni con le boche piane et dentro dentate et con le gambe aperte, et sieno prese da una staffa bracata di ferro, et che da piei habbi uno oncino, al qual sia atacchato una testa di cigna, overo la testa d'un canapetto, et l'altro teso si avvolga girando sopra al arganetto, overo argano grosso, et con questo ordine si stringano le tanaglie quando le tirarete, et che esse in questo stante habbino presa la ponta delle teste del filo d'oro, o de l'argento, et che in uno di quei buchi della trafila da l'artefice ben onto di cera nuova vi sia stato messo, et così con la forza d'huomini girando con le lieve tali strumenti si tira le verghelle de detti metalli et si fa passare a uno a uno per tutti li busi della trafila.

Passare dall'oro al ferro è solo un problema di utensili e di potenza da sviluppare e infatti il filo di ferro entra nella storia della tecnica solo con la rivoluzione industriale. In Francia già ne parla alla metà del XVIII secolo Henri Louis Duhamel du Monceau, nell'ambito della collana *Description des arts et métiers*, pubblicando nel 1768 un trattato intitolato *Art de réduire le fer en fil, connu sous le nom de fil d'archal*. Sarà l'impiego delle macchine a vapore a rendere possibile una produzione di filo di ferro su larga scala. Altra è la storia del filo di ferro spinato, il *barbed wire*, come si chiamò oltre oceano, alla metà del secolo successivo. Questo filo, come afferma Razac

> ha una portata direttamente politica e partecipa attivamente a tre disastri: all'eliminazione fisica e all'etnocidio degli Indiani d'America, all'assurdo bagno di sangue della guerra mondiale e, al centro della catastrofe totalitaria, ai campi di concentramento e al genocidio di ebrei e zingari.

Nel 1874 J. F. Glidden deposita il brevetto di

> due fili di ferro e di una serie di spine, fatte con pezzi di filo di ferro ritorto e tagliato obliquamente alle due estremità.

Si tratta di riprodurre artificialmente il tralcio irto di spine della maclura una pianta usata sino ad allora per recintare gli appezzamenti del Mid-West e per confinare il bestiame. La maclura cresceva nel Texas, ma non si era riusciti a trapiantarla nelle grandi praterie del Nord.

La storia del filo spinato era nata alcuni anni prima quando nel 1868 Michael Kelly aveva brevettato (US. Patent n. 74.379) un filo di ferro munito di "spine" fatte di lamierino sottile a forma di losanga disposte a una distanza di circa 15 centimetri l'una dall'altra. Ma non riuscì a far diventare la sua invenzione un prodotto industriale. Nel 1873 M. Rose, sempre con lo scopo di sostituire i recinti spinati di maclura, aveva inventato un filo di ferro munito di assicelle di legno irte di chiodi (US. Patent n. 138.736): questa nuova invenzione suscitò l'interesse di Jacob Haish (boscaiolo), di Isaac L. Ellwood (commerciante di ferramenta) e di Joseph F. Glidden (agricoltore). Questi ultimi due costituirono ben presto

una società che entrò in competizione con la ditta di Haish. L'impresa di Glidden già nel 1875 produceva 2.700 quintali di filo spinato, che crebbero a 5.800 tonnellate nel 1877 e nel 1880 raggiunsero la quota di 36.500. L'espansione dei coloni sulle terre ancora libere era stata favorita dall'*Homestead Act* del 1862 e successivamente dal *Dawes Act* del 1887; il primo riconosceva la proprietà di 80 acri di terra libera a ogni famiglia di agricoltori che la coltivasse, mentre il secondo estendeva il diritto di acquisizione anche alle terre dei nativi pellerossa. Fu così che il filo di ferro si rese responsabile dello sterminio, apparentemente pacifico e più o meno silenzioso, di queste popolazioni.

L'impiego del filo spinato sui campi di battaglia vide il suo battesimo del fuoco nella Guerra Franco-Prussiana, ma sarà il Primo Conflitto Mondiale a decretarne il tragico successo lungo le trincee. Il filo spinato sarà più tardi il silenzioso guardiano dei lager e dei gulag.

Ma c'è infine ancora un filo a segnare intensamente la nostra storia più recente.

Di rame, avvolto inizialmente con filo di cotone o di seta, quindi di guttaperca per renderlo meglio isolato, poi di gomma, e solo recentemente avvolto di materie plastiche nei più svariati colori, il filo elettrico è stato dapprima il portatore di segnali ai campanelli, quindi di energia a lampadine e motori, e poi ancora a telefoni e ad altri apparecchi, almeno per restare in una dimensione domestica. Fili di maggiori dimensioni, senza la necessità di essere avvolti da materiali dielettrici ma appesi a isolatori di porcellana o vetro, hanno trasmesso i segnali del telegrafo attraverso il mondo e hanno trasportato milioni di Watt dalle centrali elettriche alle stazioni di distribuzione. Poco importa se alcune società hanno preferito sotterrarli e altre li hanno aggrovigliati a strade e crocicchi, come accade in Giappone. Siamo ancora in una società di reti fatte con fili, ma quale sarà il ruolo del filo in una società *wireless*?

E allora ritorniamo nella Napoli di Domenico Starnone dove convivono spaghi e fili elettrici, magari installati alla bell'e meglio, ma sempre presenti:

> È possibile che in via Gemito la corrente elettrica non ci sia ancora e mia nonna fabbrichi luce con un pezzo di spago che brucia in un piattino dove ha messo un po' d'olio, cosa che genera figure d'angoscia sulle pareti rossastre. È possibile anche che ce l'abbiano tagliata, la luce elettrica, in quanto Rusinè s'è fatta rubare dai parenti tutti i soldi, soprattutto quelli del Teatro Bellini, e non ha potuto pagare la bolletta. Ma in genere quell'interruttore non lo giro perché temo che lui gridi:"In questa casa ci sono sempre le luci accese, pare la festa di Piedigrotta".
>
> (*Via Gemito*, Domenico Starnone)

□ □ □

La chiave

C'era una volta un uomo, il quale aveva palazzi e ville princi-
pesche, e piatterie d'oro e d'argento, e mobilia di lusso rica-
mata, e carrozze tutte dorate di dentro e di fuori. Ma quest'uomo, per sua disgrazia, aveva la barba blu: e questa cosa lo
faceva così brutto e spaventoso, che non c'era donna, ragazza
o maritata, che soltanto a vederlo, non fuggisse a gambe dalla
paura. [...] La cosa poi che più di tutto faceva ribrezzo era
quella, che quest'uomo aveva sposato diverse donne e di queste non s'era mai potuto sapere che cosa fosse accaduto. [...]
In capo a un mese, Barbablu disse a sua moglie che per un
affare di molta importanza era costretto a mettersi in viaggio
e a restar fuori almeno sei settimane: che la pregava di stare
allegra, durante la sua assenza; che invitasse le sue amiche del
cuore, che le menasse in campagna, caso le avesse fatto piacere: in una parola, che trattasse da regina e tenesse dappertutto corte bandita. "Ecco", le disse, "le chiavi delle due grandi
guardarobe: ecco quella dei piatti d'oro e d'argento, che non
vanno in opera tutti i giorni: ecco quella dei miei scrigni, dove
tengo i sacchi delle monete: ecco quella degli astucci, dove
sono le gioie e i finimenti di pietre preziose: ecco la chiave
comune, che serve per aprire tutti i quartieri. Quanto poi a
quest'altra chiavicina qui, è quella della stanzina, che rimane
in fondo al gran corridoio del pian terreno. Padrona di aprir
tutto, di andar dappertutto: ma in quanto alla piccola stanzina,
vi proibisco d'entrarvi e ve lo proibisco in modo così assoluto,
che se vi accadesse per disgrazia di aprirla, potete aspettarvi
tutto dalla mia collera". Ella promette che sarebbe stata attac-
cata agli ordini: ed egli, dopo averla abbracciata, monta in car-
rozza, e via per il suo viaggio.

Le vicine e le amiche non aspettarono di essere cercate, per andare dalla sposa novella, tanto si struggevano dalla voglia di vedere tutte le magnificenze del suo palazzo. [...] Esse non rifinivano dal magnificare e dall'invidiare la felicità della loro amica, la quale, invece, non si divertiva punto alla vista di tante ricchezze, tormentata, com'era, dalla gran curiosità di andare a vedere la stanzina del pian terreno. E non potendo più stare alle mosse, senza badare alla sconvenienza di lasciar lì su due piedi tutta la compagnia, prese per una scaletta segreta, e scese giù con tanta furia, che due o tre volte ci corse poco non si rompesse l'osso del collo. Arrivata all'uscio della stanzina, si fermò un momento, ripensando alla proibizione del marito, e per la paura dei guai, ai quali poteva andare incontro per la sua disubbidienza: ma la tentazione fu così potente, che non ci fu modo di vincerla. Prese dunque la chiave, e tremando come una foglia aprì l'uscio della stanzina. Dapprincipio non poté distinguere nulla perché le finestre erano chiuse: ma a poco a poco cominciò a vedere che il pavimento era tutto coperto di sangue accagliato, dove si riflettevano i corpi di parecchie donne morte e attaccate in giro alle pareti. Erano tutte le donne che Barbablù aveva sposate, e poi sgozzate, una dietro l'altra. Se non morì dalla paura, fu un miracolo: e la chiave della stanzina, che essa aveva ritirato fuori dal buco della porta, le cascò di mano. Quando si fu riavuta un poco, raccattò la chiave, richiuse la porticina e salì nella sua camera, per rimettersi dallo spavento: ma era tanto commossa e agitata, che non trovava la via a pigliar fiato e a rifare un pò di colore. Essendosi avvista che la chiave della stanzina si era macchiata di sangue, la ripulì due o tre volte: ma il sangue non voleva andar via. Ebbe un bel lavarla e un bello strofinarla colla rena e col gesso: il sangue era sempre lì: perché la chiave era fatata e non c'era verso di pulirla perbene: quando il sangue spariva da una parte, rifioriva subito da quell'altra. Barbablù tornò dal suo viaggio quella sera stessa, raccontando che per la strada aveva ricevuto lettere, dove gli dicevano che l'affare, per il quale si era dovuto muovere da casa, era stato bell'e accomodato e in modo vantaggioso per lui. La moglie fece tutto quello che poté per dargli a intendere che era oltremodo contenta del suo sollecito ritorno. Il giorno dopo il marito le richiese le chiavi: ed ella gliele consegnò: ma la sua mano tremava tanto, che esso poté indovinare senza fatica tutto l'accaduto. "Come va", diss'egli, "che fra tutte queste chiavi non ci trovo quella della stanzina?" "Si vede", ella rispose, "che l'avrò lasciata di sopra, sul mio tavolino". "Badate bene", disse Barbablu, "che la voglio subito". Riuscito inutile ogni pretesto per traccheggiare, convenne portar la chiave. Barbablu, dopo averci messo sopra gli occhi, domandò alla moglie: "Come mai su questa chiave c'è del sangue?" "Non lo so davvero", rispose la povera donna, più bianca della morte. "Ah! non lo sapete, eh!", replicò Barbablu, "ma lo so ben io! Voi siete voluta entrare nella stanzina. Ebbene, o signora: voi ci entrerete per sempre e andrete a pigliar posto accanto a quelle altre donne, che avete veduto là dentro".

Come si conclude la fiaba di *Barbablu* qui riportata nella traduzione di Carlo Collodi potrà essere svelato andando a riaprire *Les Contes de ma mère l'Oye* di Charles Perrault. *I racconti delle fate* non sono sempre di zucchero e miele. Come ben sappiamo dai più evoluti thriller iperscientifici anche una piccola goccia di sangue può incastrare il colpevole, e ora scopriamo che ciò era noto anche alcuni secoli fa. Ma la chiave è pur sempre al centro di una fantasia che forse è più reale di quanto si creda.

La chiave, quella tradizionale che si infila nella serratura, ha le sue parti, ciascuna con il proprio nome: l'anello o capo, il fusto o canna o stanghetta, la mulinella con la balzana, gli ingegni e le fernette. Ma queste parti possono avere anche nomi diversi: impugnatura, o testa; base, capitello o ghiera; asta; pettine, castello; fronte; intagli o pertugi. La "mappa" è il disegno formato dagli intagli, o scontri, sulla superficie del pettine. La chiave può essere comune o comunella, falsa, maestra, maschia o femmina, a seconda che termini col pallino o che sia cava in modo da potersi accoppiare con l'ago della toppa.

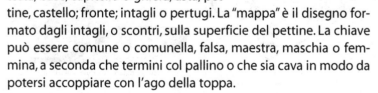

La chiave è cosa assai comune, che serve a serrare, a chiudere. *Chiave* (italiano), *chave* (portoghese), *cheie* (rumeno), *clef* (francese), *llave* (spagnolo) denunciano ben chiaro l'etimo latino *clavis*. *Clef* (ovv. *clé*) proviene dal latino *clavis* ed è registrato nella letteratura francese per la prima volta nella *Chanson de Roland* datata al 1080. Nel francese medievale *clavier* (XII s.) è un portachiavi e diventerà la tastiera degli strumenti musicali (1419 e più in seguito Thierry, *Dictionnaire françois-latin*, Paris 1564). Si trova ancora nella storia di questa parola: *Clef des champs* (XIV s), *clef de voûte* (XV s.), *clef de chapente* (1611), *clef de viole* (1680). La stessa radice si ritrova in *clavette* (1160), *claveau*, chiave di volta, (1380), *clavicorde* (1803), *demi-clef*, nodo marino (1694). *Schlüssel* viene dall'antico Hochdeutsch *sluzzel*, che come l'olandese *sleutel* deriva dal verbo *sliezen* (chiudere), che in olandese diventerà *sluiten*. La chiave tedesca ha le medesime origini semantiche del castello (*Schloss*).

Dal greco classico *kleis* a quello moderno *klidì*, alle lingue dell'europa orientale *klyuch* (russo), *klucz* (polacco), *kulcs* (ungherese), *klic* (ceco), *kljuc* (serbo-croato) sino all'anglosassone *key* si può avvertire anche un suono che lega l'oggetto alla serratura. C'è anche chi la scrive *ki*. *Key* è anche il tasto del telegrafista.

Ma *key* non è di solito la chiave per serrare i dadi, che si chiama più correttamente *spanner* o *wrench*: la chiave a forchetta, quella più comune. C'è anche l'*Allen key* o *wrench*, che è una chiave a sezione esagonale: in Italia è detta "a brugola".

Nello slang *key* è un chilo di droga; ma anche il pene, il cazzo. Come avverbio ha significato "da sballo". *Keyed* è un intossicato (dall'alcol, dalla droga) e *keyed up* si riferisce a nervoso, teso. Altre sono le chiavi nei paesi scandinavi: *nyckel* (svedese), *nøgle* (danese), *nøkkel* (norvegese), *avain* (finlandese) e ancor più strani i suoni delle chiavi arabe (*mouftah*), ebraiche (*mafteach*) e turche (*anahtar*).

Fig. 175. — Chiave di sicurezza per le casse forti della casa F. Wertheim di Vienna.

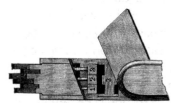

Fig. 176. — Chiave di sicurezza Wertheim migliorata.

Sulla *Encyclopédie* di Diderot e d'Alembert alla voce *clé* si può leggere:

CLÉ: s. f. Strumento che serve per aprire e chiudere una serratura. Si suddivide in tre parti principali l'anello (*anneau*), lo stelo (*tige*) e la mappa (*panneton*): l'anello è la parte svuotata al suo centro che si tiene in mano quando si apre la serratura; lo stelo è la barretta di ferro che unisce l'anello alla mappa, e la mappa è quella parte che esce dallo stelo e giace sullo stesso piano dell'anello. La mappa, essendo la parte a cui è destinato il movimento delle parti interne della serratura, varia nella sua forma in funzione dei meccanismi interni di ciascuna serratura. Per fare una chiave ordinaria si prende un pezzo di ferro di grandezza proporzionale alla grandezza della chiave e si prepara a una estremità quello che sarà l'anello e all'altra quello che diventerà la mappa; poi si mette alla forgia e si trancia ciò che è superfluo. Operando alla forgia e col martello si dà quindi la forma alla mappa e con il martello si appiattisce l'anello. Quindi si comincia a lavorare di lima...

Sul *Dizionario d'Ingegneria* diretto da Federico Filippi molte sono le chiavi, descritte e illustrate; un disegno o uno schema aiuta a far corrispondere nomi e forme: chiave a forchetta semplice, chiave a forchetta doppia, chiave a forchetta rinforzata, chiave ad anello semplice, chiave ad anello rinforzata esagonale, chiave ad anello semplice poligonale, chiave ad anello semplice quadra, chiave a tubo semplice, chiave a tubo doppia, chiave a tubo esagonale, chiave a tubo rinforzata, chiave a tubo a pipa, chiave a bussola per comando con maschio prolungatore, maschio prolungatore, chiave a tubo con impignatura ad angolo, chiave a bussola con maschio diritto, chiave a bussola a T con traversino fisso (o mobile), chiave a croce, chiave a zampa, chiave a barra esagonale (per vito brugole), chiave a maschio con traversino mobile quadra, chiave a piuoli per viti di attrezzi portafrese, chiave a gancio, chiave a occhio, chiave per premitreccia a corona con intagli, chiave per ghiere di tubi condensatori, chiave per bulloni di flange di tubazioni. E ancora: chiave registrabile a doppio martello, chiave inglese, chiave prussiana, chiave ad arpionismo, chiave a catena (tipo americano), chiave a ginocchiera (tipo tedesco), chiave a vite, chiave Bullard automatica, chiave dinamometrica, chiave dinamometrica a indicazione continua, chiave dinamometrica a scatto. Altri potrebbero ancora cercare tra i diminutivi (falsi o veri che siano), ma nulla: chiavetta, chiavetta di orsione, chiavetta di calettamento con o senza nasetto, chiavetta incassata, chiavetta concava, chiavetta ribassata, chiavetta tangenziale, chiavetta trasversale, chiavetta di registrazione, chiavetta a cuneo. Di chiavi o chiavette a stella non c'è neppure l'ombra. Presto le ritroveremo.

Si dice che la *clé à molette*, ovvero la chiave prussiana detta altrimenti chiave inglese, sia stata inventata da *Johan Petter Johansson* (1853–1943), un meccanico svedese che per non portarsi appresso tutta una serie di chiavi, inventò e brevettò nel 1892 una chiave regolabile. Qualche anno più tardi trasformò la propria azienda Enköpings Mekaniska Verkstad di Enköping e fondò la società Bahco, da cui queste chiavi uscirono a milioni. Ma, come accade spesso, l'orgoglio nazionale cerca anche in patria le origini delle più innovative invenzioni. E così i Francesi, ricordano la loro *Madame 101*, una chiave regolabile, certamente più moderna della sua progenitrice svedese, ma pur sempre con le medesime funzioni. La *clé Facom 101*, questo in suo nome a catalogo, nasce nel 1918 presso la *Franco-américaine de construction d'outilage mécanique* fondata da un giovane ingegnere di origine peruviana allievo dell'*Ecole des Arts et Manufactures*. In realtà il brevetto è americano e riguarda l'inclinazione delle ganasce rispetto allo stelo, ma quella forma, ergonomicamente ottimale, non dovrà subire ulteriori modifiche. Inizialmente la *clé 101* è prodotta esclusivamente per la SNCF, le Ferrovie dello Stato francesi e solo più tardi potrà diventare d'uso pubblico.

Bisogna, per essere obiettivi, ricordare che essa non si deve confondere con la chiave americana *Clyburn*, comunemente detta "chiave inglese"

recitava una pubblicità degli anni '20.

Basta cambiare i materiali, e la chiave diventa tutt'altro, perché un oggetto così semplice e comune assume valori simbolici e dalla metafora subisce ulteriori metamorfosi.

La chiave è simbolo di potere, come per esempio sul blasone della casata spagnola dei Gonzales, ma è anche icona di segretezza, così coma ancora oggi ci insegnano gli ideogrammi informatici sugli schermi dei computer.

Nell'*Antico Testamento* tre sono le occorrenze delle chiavi: "Le porte erano chiuse a chiavistello" (Giudici 3,24), "Con una moglie malvagia è opportuno il sigillo, dove ci sono troppe mani usa la chiave" (Siracide 42,6) e "Metterò sulla sua spalla la chiave della casa di Davide" (Isaia 22,22). Nel *Nuovo Testamento* Gesù disse a Pietro, consacrandolo primo pontefice:

> Io ti darò le chiavi del regno dei cieli (*tàs kléidas tès basiléias tòn ouranòn*) e ciò che avrai legato sulla terra sarà legato nei cieli.
>
> (Matteo 16,19)

Solo un'altra volta nei Vangeli la chiave assume un significato simbolico:

> Avete tolta la chiave della scienza (*òti érate tèn kleida tès gnoseos*)
>
> (Luca 11,52)

Nell'Apocalisse, la chiave assume un ruolo centrale:

> Tengo le chiavi della morte e dell'ade (*tàs kléis tou thanatou kai aidou*) (Ap. 1,18)

> Il verace che ha la chiave di Davide (*tèn klèn Davìd*) (Ap. 3,7)

> La chiave del pozzo dell'abisso (*tèn klèn abussou*) (Ap. 20,1)

Nel secondo libro delle *Sententiae*, Tommaso d'Aquino ricorre alla chiave e al coltello per affermare che le forme artificiali sono accidentali rispetto alla loro sostanza, che è invece comune; perché la sostanza viene dalla forma materiale e non dalla forma artificiale:

> et ideo quae per se sunt in genere simpliciter
> differunt specie per differentias essentiales generis:
> quae vero reducuntur ad genus per accidens,
> non differunt per differentias generis simpliciter,
> sed secundum quid tantum, scilicet secundum
> quod ad genus illud pertinent, ut patet praecipue
> in artificialibus: formae enim artificiales accidentales
> formae sunt; unde cultellus et clavis etiam
> differunt specie secundum quod ad genus artificiale
> pertinent, sed quantum ad substantiam eadem sunt
> specie: quia substantia utriusque est ex materia
> naturali, et non ex forma artificiali.[16]

Nel XVII secolo, Cesare Ripa, nella già citata *Iconologia*, affermava che

> la Fedeltà è una donna vestita di bianco, con la sinistra mano tiene una chiave, et alli piedi un cane. La chiave è inditio di secretezza, che si deve tenere nelle cose appartenenti alla fedeltà dell'amicitia.

Con la solita ironia graffiante Gustave Flaubert nel suo *Dizionario dei luoghi comuni* afferma che "Chiave è una complicazione facile da fare".

---

[16] E perciò quelle cose che sono per sé semplicemente nel genere, non differiscono nella specie attraverso differenze essenziali nel genere, ma soltanto per quello che concerne quel genere, come è ben evidente nelle cose artificiali: infatti le forme artificiali sono forme accidentali; e quindi un coltello e una chiave differiscono nella specie per ciò che concerne il genere artificiale, ma per quanto a sostanza sono della stessa specie: poiché per quanto a sostanza entrambe sono fatte di una materia naturale e non per la loro forma artificiale.

Al di qua della chiave c'è il buco della serratura, il *key-hole*, che evoca alcuni degli aspetti più intimi dei processi conoscitivi dell'uomo. La domanda "Chiave o chiavistello?" spesso rimane senza risposta.

A un tratto si trovò accanto a un tavolinetto, tutto di solido cristallo, a tre piedi: sul tavolinetto c'era una chiavetta d'oro. Subito Alice pensò che la chiavetta appartenesse a una di quelle porte; ma, ohimè!, o le toppe erano troppo grandi, o la chiavetta era troppo piccola. Il fatto sta che non poté aprirne alcuna. Fatto un secondo giro nella sala, capitò innanzi a una cortina bassa non ancora osservata: e dietro v'era un usciolo alto una trentina di centimetri: provò nella toppa la chiavettina d'oro, e con molta gioia vide che entrava a puntino! Aprì l'uscio e guardò in un piccolo corridoio, largo quanto una tana da topi: s'inginocchiò e scorse di là dal corridoio il più bel giardino del mondo. Oh! quanto desiderò di uscire da quella sala buia per correre su quei prati di fulgidi fiori, e lungo le fresche acque delle fontane; ma non c'era modo di cacciare neppure il capo nella buca."Se almeno potessi cacciarvi la testa! – pensava la povera Alice. – Ma a che servirebbe poi, se non posso farci passare le spalle! Oh, se potessi chiudermi come un telescopio! Come mi piacerebbe! Ma come si fa?" E quasi andava cercando il modo. Le erano accadute tante cose straordinarie, che Alice aveva cominciato a credere che poche fossero le cose impossibili. Ma che serviva star lì piantata innanzi all'uscio? Alice tornò verso il tavolinetto quasi con la speranza di poter trovare un'altra chiave, o almeno un libro che indicasse la maniera di contrarsi come fa un cannocchiale: vi trovò invece un'ampolla ("E certo prima non c'era", disse Alice), con un cartello sul quale era stampato a lettere di scatola: *Bevi*.

[...]

Passò qualche momento, e poi vedendo che non le avveniva nient'altro, si preparò ad uscire in giardino. Ma, povera Alice, quando di fronte alla porticina si accorse di aver dimenticata la chiavetta d'oro, e quando corse al tavolo dove l'aveva lasciata, rilevò che non poteva più giungervi: vedeva chiaramente la chiave attraverso il cristallo, e si sforzò di arrampicarsi ad una delle gambe del tavolo, e di salirvi, ma era troppo sdrucciolevole. Dopo essersi chi sa quanto affaticata per vincere quella difficoltà, la poverina si sedette in terra e pianse.

Così il reverendo Charles L. Dodgson (*alias* Lewis Carroll) ci fa entrare nel Paese delle Meraviglie (Cap. I) e le chiavi che incontreremo non sono solo d'oro o di ferro, ma entrano in sciarade e anagrammi.

Gibilterra, porta del Mediterraneo, dove un tempo si pensava fossero poste le Colonne d'Ercole, reca sulla sua bandiera una chiave, a simboleggiare il suo ruolo strategico.

Lo Stemma Nazionale di Cuba è stato disegnato da Miguel Teurbe Tolón, presumibilmente su incarico del generale Narciso López. Ha la forma di uno scudo ogivale. La chiave d'oro che appare nella parte superiore fa riferimento alla posizione di Cuba tra le due Americhe chiamata "Chiave del Golfo".

Assai noto è lo stemma pontificio che reca due chiavi incrociate *in decusse* con le mappe poste in alto. Una, in oro, rappresenta la chiave del paradiso, l'altra in argento, quella del purgatorio.

Se la forma artificiale definisce le cose, e la loro funzione, essa non può ridursi soltanto a un *accidente*, a pura informazione, se a essa non si aggiunge quella componente *materiale* che concerne un dato di fatto strettamente legato al processo fisico di manifattura, di produzione.

La chiave è il tipico prodotto di una tecnologia raffinata, carica di significati e di *informazione*. La chiave infatti, nella sua funzione fisica (reale), sin dalle origini non è solo strumento (che apre un chiavistello), ma soprattutto il supporto fisico di un'informazione codificata capace di svolgere una funzione se essa è fornita in modo corretto all'interfaccia del sistema ricettore (serratura), che svolge la duplice funzione di decodificatore e di attuatore.

Che fine ha fatto la chiave a stella di cui abbiamo evocato il nome poc'anzi? Nell'epoca della riproducibilità immateriale degli oggetti tecnici, chi non ha la possibilità di sperimentare fisicamente, in una dimensione antropologica, la chiave a stella, questo tipo di chiave che è diventato l'assunto esemplificativo di queste brevi considerazioni, non potrà svolgere alcun discorso intorno a essa; non potrà dipanare un racconto perché darà per scontato che il lettore sappia ciò che non sa. Si potrebbe obbiettare che c'è sempre la possibilità di un'esperienza diretta, ma se chi ascolta (o legge) non ha modo di "osservare e controllare" quella relazione che pone in corrispondenza l'oggetto col suo significato allora ogni sforzo sarà vano. La situazione già vaticinata da Paul Valéry e argutamente citata da Walter Benjamin

> saremo approvvigionati di immagini e di sequenze di suoni, che si manifestano a un piccolo gesto, quasi un segno, e poi subito ci lasciano

è diventata il protocollo su cui si fonda la conoscenza di oggi. Essa non ha sostanza su cui fondare il proprio significato e proprio per questo diventa labile e asintoticamente priva di ogni valore.

Se non avessimo di fronte una immagine della chiave a stella, essa per i più rimarrebbe una realtà inconoscibile, e gli stessi valori di cui essa è portatrice e i simboli che rappresenta non potrebbero esistere.

Nella società della riproducibilità immateriale delle *cose*, la conoscenza non può (ne deve) identificarsi con il possesso di informazione, perché questa nuova *economia* al di là di essere *new* e facilmente manipolabile, perde ogni aggancio con ciò che determina la natura più profonda dell'uomo, qui inteso come "animale" pensante. La globalizzazione del sapere, la conoscenza di massa, che rende più facile la conoscenza, andando incontro al fruitore con maggiore democrazia, forse è solo una illusione, perché in ogni forma di conoscenza deve esistere la corrispondenza tra il modello e la cosiddetta realtà. Essa viene già a mancare per l'opera d'arte nell'epoca della sua riproducibilità tecnica e lo sarà ancora di più quando alla materialità dell'oggetto riprodotto si sostituirà la frase che lo descrive.

Nella società dell'informazione, che già ha reso irreversibili i processi di trasformazione della società industriale, se si volessero dimenticare anche tutti i paradigmi della conoscenza dell'arte (in cui il soggetto conoscente esaurisce personalmente in sé tutto il processo di apprendimento e manipolazione della realtà) e della conoscenza della tecnica (in cui il soggetto conoscente ha piena padronanza dei sistemi che gli fanno da tramite tra la realtà e le sue immagini) allora non si potrebbe più neppure parlare di conoscenza.

La riproducibilità immateriale dell'oggetto tecnico modifica profondamente il rapporto con il suo osservatore e questo rapporto diventerà ancor più ambiguo perché dietro alla rappresentazione esisterà l'illusione di una realtà, che forse non è neppure possibile. Walter Benjmin all'*Opera d'arte...* faceva seguire una *Piccola storia della fotografia*, il cui scopo era quello di spiegare con l'evoluzione tecnologica di un'arte la democratizzazione del rapporto tra la creazione dell'oggetto e la sua fruizione estetica, oggi bisognerebbe ulteriormente spingere in avanti questo discorso, andando al di là dello schermo del computer o del palmare. Ma qui si preferisce tenere sempre vivo il rapporto con la "cosa" materiale e se, per esempio, si volesse citare la *chiave di Berlino*, che Bruno Latour descrive in un suo saggio con tanta passione e competenza tecnica, essa rimarrebbe sempre e solo una "cosa" irreale, sino a quando non se ne potesse "toccare" un suo esemplare. Lo stesso accade con i mutanti di *Blade Runner*, per i quali è necessario sviluppare alcuni *criteri* per scoprirne la natura reale.

Primo Levi ha scritto un libro intitolandolo *La chiave a stella*, ma ben pochi, che non frequentino le officine dei meccanici, saprebbero facilmente identificare questo utensile e non potrebbe neppure venire loro in aiuto ciò che dice lo scrittore.

Un giorno ero proprio in cima alla torre con la chiave a stella per verificare il serraggio dei bulloni, e mi vedo arrivare lassù il committente, che tirava un po' l'ala perché trenta metri è come una casa di otto piani. Aveva un pennellino, un pezzo di carta e un'aria furba, e si è messo a raccogliere la polvere dalla placca di testa della colonna che io avevo finito di montare un mese prima.

(*La chiave a stella*, Primo Levi, Einaudi, Torino 1978)

Quale ragione possa indurre Primo Levi a scegliere in un attrezzo meccanico come la *Chiave a stella*, il titolo di un'opera narrativa non è certo cosa facile, anche perché l'esegesi letteraria spesso sconfina in un'indagine che travalica le ragioni puramente letterarie e invade infidi territori dell'iconologia come in quelli della psicanalisi. Le ipotesi si assommano e si confondono le une con le altre, sino a impedire una definitiva soluzione a ciò che non può che rimanere un'ipotesi. La fortuna di un titolo ha molte ragioni che spesso rimangono oscure. *La chiave a stella* ritrova anche nelle traduzioni la suggestione della "cosa", di una cosa tanto comune quanto oscura, perché quella stella, divenuta attributo, sfugge alla normale osservazione. *The Wrench*, altrove con ostentata migliore definizione *The Monkey Wrench*, o ancora *La clé à molette*, non sono la stessa cosa, ma certamente riescono a spiazzare il lettore, senza riprodurre le oscure sensazioni che l'autore spesso vuole lasciare nascoste sotto le apparenze di una forma e di una materia: un pezzo di acciaio al cromo-vanadio opportunamente forgiato e lavorato superficialmente e una forma ottenuta dall'intersezione di due esagoni ruotati di trenta gradi. Primo Levi è chimico, chimico nell'industria delle vernici, e la chiave a stella quasi sembra fuori posto, anche se essa permette a Libertino Faussone di serrare i bulloni in cima a una torre di perforazione. "Chiave" e "stella" sono parole che anche i più banali dizionari multilingue includono nelle mille parole dell'essenziale *basic language*, ma nella loro combinazione, con la stella al negativo nella sua versione "femmina", l'oggetto assume una forma misteriosa ed evocativa. Ben difficilmente i meccanici leggono opere di letteratura e il viceversa accade ancor più di rado.

> *Chiave a stella*, (tecn.): chiave fissa con testa ad anello il cui interno è costituito da una figura a stella con dodici punte.
> (*Grande Dizionario Italiano dell'Uso*, Tullio De Mauro, UTET, Torino 2000)

è una definizione che riesce a evocare una forma difficilmente identificabile in una realtà e soprattutto nella funzione a cui l'oggetto è destinato. Perché "una figura a stella"? Non è necessario capire che il foro ricavato nella testa della chiave, dove si impegna il dado del bullone che si deve serrare, è ottenuto dalla intersezione di due esagoni (la testa dei bulloni e i dadi sono di forma esagonale) tra di loro sfasati di un angolo di trenta gradi. Solo in questo modo si ottiene un attrezzo capace di serrare dadi anche collocati nei posti più angusti, con una successione di piccole rotazioni ciascuna di trenta gradi. Con le normali chiavi esagonali si deve avere sempre lo spazio per una rotazione dell'attrezzo di almeno sessanta gradi.

L'inglese *wrench*, questo è il titolo della traduzione inglese del romanzo di Primo Levi, manca di ogni riferimento sia alla funzione sia al simbolismo nascosto. Altro è per l'edizione francese o americana. Ma la francese *clé à molette*, con cui si titola la traduzione (francese) del medesimo libro, è in realtà una "chiave regolabile". L'americana *monkey wrench*, e non *The Monkey's Wrench*, come diventa il titolo al di là dell'Atlantico, con un gioco di parole che trasforma l'attributivo *monkey* nel possessivo *Monkey's* (della scimmia), dando il là a nuove interpretazioni tendenziose, è proprio quella chiave a rollino ad apertura variabile, che noi in Italia chiamiamo "inglese" e che altri e in altri tempi chiavano "prussiana". In entrambi i casi la metafora si sposta da un oggetto apparentemente semplice, fatto tutto d'un pezzo, contenente al proprio interno, nella propria cavità la genialità della funzione. La nostra "chiave a stella" trova la sua traduzione nell'inglese *12-point wrench*, diventando nella lingua teutonica molto compitamente una *Zwölfkantringschlüssel*. Come si sarebbe potuto intitolare un libro con quest'ultima parolona composta da ben quattro elementi? Infatti il fortunato libro di Primo Levi nelle edizioni della Hanser Verlag (1992) diventa semplicemente *Der Ringschlussel*, "la chiave ad anello". Qui il simbolismo della stella scompare e si perde anche quel fascino che le scimmie o la *molette* (rotella di regolazione) richiamano quella che solo nella lingua spagnola rimane *La llave estrella*, mantenendo tutta la poesia e il mistero di un titolo dove i due sostantivi si sposano.

Si lascino da parte la meccanica e l'analisi linguistica e si cerchino invece dietro a quella chiave e a quella stella altri significati più reconditi. Nel saggio *Primo Levi and Translation*, reperibile in internet (http://www.leeds.ac.uk/bsis/98/98pltrn.htm), David Mendel discute di come sia difficile tradurre uno scrittore in una lingua straniera e di come lo stesso Primo Levi ne avesse piena coscienza. A proposito della famosa *Monkey's Wrench* ricorda di avere visto in mano dell'Autore un anello placcato oro che questi diceva essere un regalo di sua moglie in occasione della pubblicazione del libro: ma quella non era una né una *monkey's* né una *12point wrench*, ma una semplice chiave ad anello (*socket wrench*), forgiata al proprio interno a forma di esagono. Quando lo disse a Primo Levi questi non ci fece caso. Non voleva, credo, svelare il segreto che dietro la poligonale a dodici punte, ottenuta dalla sovrapposizione di due esagoni si celava una stella di Davide tutta particolare.

Guido Gozzano nel *Responso*, una lirica contenuta nella sua raccolta *La via del rifugio*, trova nella chiave una metafora di segretezza e mistero.

Come una sorte trista è sul mio cuore, immagine
(se vi piace l'immagine un poco secentista)

d'un misterioso scrigno d'ogni tesoro grave,
me ne gittò la chiave l'artefice maligno,

l'artefice maligno, in chi sa quali abissi...
Marta, se rinvenissi la chiave dello scrigno!

Se al cuore che ricusa d'aprirsi, una divota
rechi la chiave ignota dentro la palma chiusa,

per lei che nel deserto farà sbocciare fiori,
saran tutti i tesori d'un cuore appena aperto.

Perché, Marta, non sono cattivo, non è vero?
O Marta non è vero, dite, che sono buono?

Molte mani soavi apersi a poco a poco
come si fa nel gioco, ma non trovai le chiavi.

"Chiavi e maniglie" è un binomio che sembra strano, ma apre molte porte, e non solo in senso metaforico. Rovistando nei cassetti di chi, vittima di un ineluttabile nomadismo culturale, ha intrapreso questa impresa non da poco tempo, si ritrova un "frammento politico" di cui forse non senza un pizzico di narcisismo si riporta un lacerto, doppio.

Siamo una grande, grandissima famiglia. Gli esperti di tassonomia ci definiscono un *genus*, con molte specie e sottospecie: *yale, fichet*... Molti dicono che a gruppi ci assomigliamo,
ma tutte abbiamo la nostra particolare identità e le nostre
funzioni non si possono scambiare. Quando un nostro dente
si rompe, quando con il tempo il nostro profilo si consuma
allora abbiamo finito di vivere e poco importa se qualcuno
non ci porta definitivamente alla soluzione finale. Rimaniamo
lì inutili e anche la nostra memoria non è più utile. I processi
di accoppiamento che alcuni definiscono con la sigla KL (*key-
lock*) sono assolutamente deterministici e unici: la clonazione
di esemplari multipli, anche se prassi consolidata, tranne
alcuni casi speciali, è assolutamente da evitare perché i sopra
menzionati processi di accoppiamento sono univoci e non
biunivoci. Soluzioni alternative sono possibili, ma sempre col-
locate ai margini del lecito e del legale. Spesso gli elementi
con cui ci accoppiamo, per questi motivi, sono oggetto di
effrazione e di violenza, da cui anche noi, nella nostra funzione, veniamo ridotte all'impotenza. Le nuove tecnologie
recentemente hanno minato la nostra sopravvivenza, ma con
un po' di ottimismo possiamo affermare che non abbiamo
ancora imboccato la via dell'estinzione. Nonostante tutto,
però, siamo una specie che da sempre afferma la proprietà
individuale, che non ama la promiscuità: non siamo per l'u-
guaglianza indiscriminata e quindi potremmo affermare che
siamo di destra.
[...]
Anche noi apparteniamo a una specie assai diffusa e anche
noi, scusate, ci accoppiamo spesso con quelle che voi vorreste
credere essere le vostre uniche ed esclusive compagne.
Possiamo svolgere la nostra funzione assai semplicemente:
una sporgenza di legno, un chiodo ricurvo possono abilmen-
te appartenere alla nostra famiglia, che non ha mai respinto
nessuno. È vero che alcune nostre sottospecie, si sono evolute
e hanno assunto forme assai bizzarre, ma pur sempre la nostra
funzione non cambia. Qualsiasi mano ci può toccare ed usare:
a nessuno neghiamo la nostra funzione che invece altri rigorosamente impediscono e ostacolano. Anche noi ci accoppiamo con meccanismi ed ordegni, di apertura e di chiusura, ma

non ne rivendichiamo la proprietà né la funzione: semplicemente mettiamo tutto in comune. Ci siamo evolute dalle forme più semplici ai barocchismi più arditi: a pomo o a leva rivendichiamo la nostra discendenza dalle antiche "macchine semplici", e se attraverso il vetro sfaccettato e la ceramica invetriata abbiamo fatto aprire le stanze dei potenti, dopo un'era di ottoni lucidati ora, nell'epoca in cui anche l'opera d'arte è tecnicamente riproducibile, ci siamo polimerizzate. Nelle mutazioni genetiche che più recentemente si sono verificate, le nostre specie gigantesche e antipanico hanno finalmente trovato la loro giusta collocazione nell'evoluzione tecnologica. Per questi e per molti altri motivi che non nominiamo, siamo progressiste e ci definiamo di sinistra.

Le chiavi musicali sono di tre generi: di DO (1°-3°-4° rigo, chiave di soprano, contralto e tenore), di FA (4° rigo, di basso), di SOL (4° rigo, di violino). Chiave, negli strumenti a fiato, è la leva che permette di azionare l'apertura e la chiusura di un foro.

In architettura e in ingegneria edile le chiavi o chiavarde da muro, dette anche catene, sono barre di ferro poste orizzontalmente secondo la corda di un arco, e sono ancorate alle murature laterali, per contrastare le spinte dell'arco sui piedritti; chiave di volta è invece il concio di sommità di un arco o di una volta che rende salda la struttura assicurandone la continuità strutturale. Ma prima di queste gli architetti avevano già fatto uso di altre chiavi.

La chiave di volta, che Viollet-le-Duc pone come illustrazione della sua *Encyclopédie Médievale,* appartiene alla cattedrale di Puy en Velay e mostra chiaramente la funzione decorativa e strutturale di questo elemento architettonico.

1

"Chiave", sta scritto alla voce *Clef,* "è una parola che applicata alle opere di *maçonnerie* si riferisce al concio che posto sulla linea verticale di sommità di un arco, ne chiude la struttura.

I Romani, e prima di loro gli Etruschi, decoravano spesso le chiavi degli archivolti nella maniera più ricca, soprattutto quando gli archi sormontavano l'ingresso principale di un edificio. Ci sono chiavi decorate e scolpite sugli archi di Traiano, di Tito, di Settimio Severo e di Costantino, a Roma. Ma non mancano esempi di chiavi di archivolto decorate anche nelle costruzioni romane d'Oltralpe, come per esempio nell'arena di Nimes. Nel Medioevo la chiave d'archivolto per la sua importante funzione strutturale fu arricchita di significati simbolici e spesso fu decorata con il busto di Cristo pantocratore.

Esistono nelle chiese gotiche chiavi anche per gli archi a ogiva ed esse assumono la forma di un elemento che si protende in basso decorato con figure. Queste, il più delle volte, sono angeli che in tal modo nascondono la loro funzione strutturale e sembrano librarsi nel cielo.

Nella mitologia la chiave appare nella leggenda di Plutone (Ades o Ade), che è il dio degli inferi figlio di Crono e di Rea, fratello di Zeus e Poseidone. Quando Crono fu cacciato, i tre fratelli si divisero l'Universo: a Ades toccò il regno sotterraneo, da cui il suo nome in greco Hades, che significa occulto, invisibile. Poiché la sua residenza era oscura e cupa, nessuna dea voleva sposarlo, ma Ades si invaghì della bella Persefone, figlia di Demetra, la rapì, la sposò, faccendone la regina dell'oltretomba. Questo Dio inesorabile era rappresentato con in mano le chiavi a indicare che chi entrava nel suo regno non avrebbe più fatto ritorno sulla Terra.

La tradizione greca attribuiva a Teodoro di Samo l'invenzione della chiave, ma immagini provenienti dagli scavi in Egitto hanno portato ampie testimonianza di questo oggetto in quella civiltà. Inizialmente erano di legno, solo successivamente furono fabbricate in bronzo, quindi in ferro, e sempre recavano una "mappa" che permetteva accoppiandosi a un opportuno meccanismo, di aprire un chiavistello.

Lo scrittore belga Maurice Maeterlinck, Premio Nobel per la letteratura nel 1911, affermava che

> non c'è nulla di più bello di una chiave, finché non si sa che cosa apre.

Tra la letteratura e il cinema il passo è breve.

Nei film la chiave ha molteplici funzioni. La chiave può essere un codice da decifrare (*Matrix*, regia dei fratelli Wachowski, USA 1999; *The Cube*, regia di Vincenzo Natali, USA 1999), un mezzo per chiudere porte anche se non sempre reali (*The others*, regia di Alejandro Amenabar, Spagna 2001) o per custodire segreti e tradimenti (*Le verità nascoste*, regia di Robert Zemeckis, USA 2000). La chiave (*Kagi*) è il titolo di un romanzo del 1956 dello scrittore giapponese Junichiro Tanizaki. La chiave di un cassetto dove custodisce il proprio diario, dimenticata solo apparentemente per caso, è la provocazione di un marito desideroso di esplorare nuovi orizzonti sessuali insieme alla moglie dalla quale è irresistibilmente attratto. Lo strano rapporto che si instaura tra i due condurrà la donna su una strada di lussuria e perdizione che sfocerà in tragedia. Da questo romanzo è stato tratto il film erotico con Stefania Sandrelli *La chiave* (1983); è forse il miglior film del regista Tinto Brass, che si era formato alla scuola di Joris Ivens, come aiuto regista nel 1960 alla realizzazione del film documentario *L'Italia non è un paese povero*.

La chiave di vetro di Dashiell Hammett, (Guanda, Parma 1931) è invece un simbolo. Questa fragile chiave apre la porta delle elezioni e del successo politico, ma è anche quella che consentirà all'autore di svelare i retroscena della vita pubblica americana.

Nei *Drammi intimi* (1884) di Giovanni Verga è il racconto *La chiavetta d'oro*. Queste le ultime righe, da cui si riesce a capire implicitamente tutto il resto della storia:

Il giorno dopo venne un messo del Mandamento a dire che il signor Giudice avea persa nel frutteto la chiavetta dell'orologio, e che la cercassero bene che doveva esserci di certo.
– Datemi due giorni di tempo, che la troveremo – fece rispondere il Canonico. E scrisse subito ad un amico di Caltagirone perché gli comprasse una chiavetta d'orologio. Una bella chiave d'oro che gli costò due onze, e la mandò al signor Giudice dicendo:
– È questa la chiavetta che ha smarrito il signor Giudice?
– È questa, sissignore – rispose lui: e il processo andò liscio per la sua strada, tantoché sopravvenne il '60, e Surfareddu tornò a fare il camparo dopo l'indulto di Garibaldi, sin che si fece ammazzare a sassate in una rissa con dei campari per certa quistione di pascolo. E il Canonico, quando tornava a parlare di

tutti i casi di quella notte che gli aveva dato tanto da fare, diceva a proposito del Giudice d'allora:
– Fu un galantuomo! Perché invece di perdere la sola chiavetta, avrebbe potuto farmi cercare anche l'orologio e la catena. Nel frutteto, sotto l'albero vecchio dove è sepolto il ladro delle ulive, vengono cavoli grossi come teste di bambini.

Oltre a Emma, a Léon e Charles, c'è un altro protagonista in *Madame Bovary* di Gustave Flaubert: la chiave. È proprio questo semplice oggetto a far ruotare intorno a sé il tradimento, il suicidio e il disvelamento. Altra sarebbe stata la storia se non ci fossero stati questi piccoli – e solo apparentemente insignificanti – oggetti. Con una specie di *décollage*, un'operazione di drastica sottrazione letteraria, si giunge così a un inaspettato racconto carico di emozioni, che con un pizzico di dissacrazione potremmo intitolare *Chiavi*.

"Cosa c'è?" rispose lo speziale "Stavamo facendo le marmellate, cuocevano e siccome bollivano troppo forte traboccavano. Allora ordino che mi portino un'altra pentola e lui, per fiacca, per pigrizia, va a prendere la chiave del cafarnao appesa a un chiodo nel mio laboratorio". Il farmacista chiamava così uno stanzino sotto i tetti pieno di utensili e di mercanzie utili alla sua professione. Spesso vi trascorreva da solo lunghe ore a etichettare, a travasare, a confezionare, e lo considerava non come un ripostiglio, ma come un vero santuario, dal quale uscivano, elaborate dalle sue mani, tutte quelle pillole, pasticche, tisane, lozioni e pozioni che lo rendevano celebre nei dintorni. Nessuno doveva metterci piede e la proibizione era così assoluta che lui stesso vi faceva le pulizie. [...] "Sì, del cafarnao. La chiave della porta dietro la quale si trovano gli acidi e gli alcali caustici! Andarci a prendere una pentola! Una pentola con il coperchio! E della quale forse non mi servirò mai!"
"Devo parlarti" disse Emma. Allora Léon prese la chiave. Emma lo trattenne. "Oh! No, laggiù, nella nostra camera".
Justin tornò. Emma bussò al vetro. Il ragazzo uscì. "La chiave! Quella del solaio, dove ci sono...". "Come!". E la guardava, sbigottito dal pallore del viso di lei, che spiccava bianco sullo sfondo nero della notte. Gli parve straordinariamente bella, senza capire quello che Emma desiderava, aveva il presenti-

La chiave

mento di qualcosa di terribile. Ma la signora Bovary riprese a parlare in fretta, con la voce bassa, con un tono dolce e struggente: "La voglio! Dammela!". Poiché la parete era sottile, si udiva il tintinnio delle forchette sui piatti nella stanza da pranzo. Emma voleva far credere di voler uccidere i topi che non la lasciavano dormire. "Bisogna che avverta il signor Homais.""No, resta qui!" Poi soggiunse, con aria indifferente:"Eh! Non ne vale la pena, glielo dirò io fra poco. Andiamo, fammi lume!" Entrò nel corridoio cui si apriva la porta del laboratorio. V'era, appesa al muro, una chiave con l'indicazione *Cafarnao*. "Justin!" gridò il farmacista spazientito. "Andiamo di sopra!". E lui la seguì. La chiave girò nella serratura, ed Emma andò diritta al terzo scaffale, tanto rammentava bene, afferrò il boccale blu, gli strappò il tappo, vi ficcò la mano e, ritirandola piena di una polvere bianca, prese a mangiarla.

Per rispetto, o per una specie di sensualità che gli faceva rinviare le indagini, Charles non aveva ancora aperto lo scomparto segreto dello scrittoio di palissandro di cui Emma era stata solita servirsi. Un giorno, però, sedette davanti a esso, girò la chiave e spinse la molla. Vi si trovavano tutte le lettere di Léon.

Dopo avere scandagliato biblioteche e cineteche, poteva essere curioso ricercare le chiavi nella giurisprudenza, ma si è rimasti delusi, forse per mancanza di competenza specifica nel settore. In Italia, il *Codice penale*, all'Articolo 710 (*Vendita o consegna di chiavi o grimaldelli a persona sconosciuta*) affermava che:

Chiunque fabbrica chiavi di qualsiasi specie su richiesta di persona diversa dal proprietario o possessore del luogo o dell'oggetto a cui le chiavi sono destinate, o da un incaricato di essi, ovvero, esercitando il mestiere di fabbro, chiavaiuolo o un altro simile mestiere, consegna o vende a chicchessia grimaldelli o altri strumenti atti ad aprire o a sforzare serrature, è punito con l'arresto fino a sei mesi e con l'ammenda da lire ventimila a duecentomila.

Tale articolo è stato abrogato dall'Art. 18, Legge 25 giugno 1999, n. 205.

□ □ □

Lo specchio

Guarda, adesso cominciamo, quando saremo alla fine della storia ne sapremo più di quanto ne sappiamo adesso, perché qui si parla di uno spirito cattivo, uno dei peggiori, il *diavolo*. Un giorno era proprio di buon umore, perché aveva costruito uno specchio che aveva la facoltà di far sparire immediatamente tutte le cose belle e buone che vi si rispecchiavano, come non fossero state nulla; quello che invece era brutto e che appariva orribile, risaltava ancora di più. I più bei paesaggi sembravano spinaci cotti, e gli uomini migliori diventavano orribili o stavano schiacciati a testa in giù; i volti venivano così deformati che non erano più riconoscibili, e se qualcuno aveva una lentiggine, allora poteva essere ben sicuro che questa si sarebbe allargata fino al naso e alla bocca. Era straordinariamente divertente, diceva il diavolo. Se c'era un pensiero pio e buono questo nello specchio diventava una smorfia, così il diavolo doveva per forza ridere della sua divertente invenzione. Tutti quelli che andavano a scuola di magia, perché lui teneva una scuola di magia, raccontavano in giro che era successo un prodigio: adesso finalmente si poteva vedere, dicevano, come erano veramente il mondo e gli uomini. Corsero intorno con lo specchio e alla fine non ci fu più un solo paese o un solo uomo che non fosse stato deformato nello specchio. Ora volevano volare fino al cielo per prendersi gioco degli angeli e "di nostro Signore". Più volavano in alto con lo specchio, più questo rideva con violenza: riuscivano a malapena a tenerlo; volarono sempre più in alto, vicino a Dio e agli angeli; a un certo punto lo specchio tremò così terribilmente per le risate, che sfuggì loro di mano e precipitò verso la terra, dove si ruppe in centinaia di milioni, di bilioni di pezzi, e ancora di più.

E così fece molto più danno di prima, perché alcuni pezzi erano piccoli come granelli di sabbia, e volavano intorno al vasto mondo, e quando entravano negli occhi della gente vi rimanevano, così la gente vedeva tutto storto, oppure vedeva solo il lato peggiore delle cose, perché ogni piccolo pezzettino dello specchio aveva mantenuto la stessa forza che aveva lo specchio intero. A qualcuno una piccola scheggia dello specchio cadde addirittura nel cuore, e questo fu veramente orribile: il cuore divenne come un pezzo di ghiaccio. Alcune schegge dello specchio erano invece così grandi che vennero usate per farne vetri da finestra, ma non era il caso di guardare i propri amici attraverso quei vetri; altri pezzi diventarono occhiali, e questo fu proprio un male, quando la gente metteva gli occhiali per vedere meglio e per essere obiettiva. Il maligno rideva tanto che lo stomaco gli ballava tutto, e gli faceva il solletico. Ma fuori volavano ancora piccoli pezzi di vetro nell'aria.

La regina delle nevi di Hans Christian Andersen è una fiaba composta da sette storie: la prima tratta "dello specchio e delle schegge". Ma ben più famoso è lo specchio della regina Grimilde di Biancaneve. Walt Disney, ha recentemente ricordato Gianni Rondolino, per tratteggiarla si ispirò alla bella Uta degli Askani di Ballenstedt, moglie del margravio Ekkehard II di Meissen, raffigurata in una statua del XIII secolo nel Duomo di Naumburg in Germania. Fu per questo motivo che Goebbels, forse più *realista* dello stesso Hitler (che amava i disegni animati di Disney), impedì la circolazione di Biancaneve e i sette nani in Germania? O c'è qualche altro recondito significato proprio nello specchio magico?

Io che superba mi ridevo dell'Ellade, e avevo
sempre uno stuol di giovani dinanzi alla mia porta,
io Laide offro a Ciprigna lo specchio: ché quale ora sono
non voglio, e quale fui non posso esser veduta.

Questo epigramma riportato nella traduzione di Ettore Romagnoli della *Antologia palatina* (VI, 1) appartiene a Platone e anticipa il grande tema dello specchio che non deve svelare che il tempo passa, inesorabile.

Una delle *Litaniae lauretanae* della Madonna afferma che la Madre di Dio è *Speculum iustitiae* e così lo specchio nel Medioevo diventa il simbolo della conoscenza, in una cultura ancora intrisa di tradizioni antiche che spesso si caricano di molteplici significati.

Si sono immaginati specchi mostruosi, come quelli conservati nel tempio di Smirne. Le loro bizzarrie derivano dalla loro forma. Talora sono degli specchi curvi, sia che la curvatura assuma la forma di una coppa o di uno scudo tracio, sia che le parti centrali si gonfino o si scavino. Queste circostanze fanno subire alle ombre un'infinità di torture e di alterazioni, perché l'immagine altro non è che il riflesso prodotto dal corpo liscio e lucido che riceve l'ombra o il simulacro.

(*Storia naturale*, Plinio)

Lo *Speculum maius* è uno dei primi tentativi di trattazione enciclopedica e fu compilato nel XIII secolo dal frate domenicano Vincenzo di Beauvais (ca. 1190-1264). Il richiamo allo specchio è dovuto alla concezione medievale che riteneva la natura delle cose come uno specchio della realtà divina. L'opera era suddivisa in tre parti: lo *Speculum Naturale*, lo *Speculum Doctrinale* e lo *Speculum Historiale*. Le edizioni a stampa a queste tre parti ne aggiungeranno una quarta (*Speculum Morale*), che invece fu compilata da Stefano de Bourbon e da suoi collaboratori, attingendo all'opera di Tomaso d'Aquino. Lo *Speculum Naturale* è suddiviso in 32 libri e 3718 capitoli complessivamente, che trattano delle scienze allora conosciute e della storia naturale. Come tutte le enciclopedie medievali ha una struttura piramidale e teocentrica e quindi si sviluppa partendo dalla Trinità e, attraverso gli spiriti, angeli e demoni, giunge sino alla creazione del mondo. Il secondo libro parla della luce, dei colori e dei quattro elementi. Quindi nei libri successivi si passa ai fenomeni meteorologici, agli astri, alla terra, ai mari, ai minerali, alle piante, agli animali, ma tratta anche della navigazione come della domesticazione degli animali.

Lo *Speculum Doctrinale* (Lo Specchio della Dottrina) è suddiviso in 17 libri e 2374 capitoli ed è sostanzialmente un libro di testo, un manuale per gli studenti che intendevano conseguire il titolo di *magister artium* secondo i programmi della Scolastica. Lo *Speculum Doctrinale* tratta di logica, retorica, poesia, geometria, astronomia, psicologia, pedagogia, arti meccaniche, anatomia, chirurgia, medicina e diritto. Nel primo libro è anche contenuto un vocabolario della lingua latina. Lo *Speculum Historiale* tratta della storia del mondo.

Dante Alighieri spesso ricorre allo specchio per illustrare metaforicamente ciò che i sensi non possono descrivere. Nella *Commedia*, vera enciclopedia del mondo e della civiltà medievale che non trascura nemmeno le arti, il poeta aveva ricordato per ben due volte l'impiego del piombo che, famoso per la sua facile fondibilità e per la sua pesantezza, se disposto dietro una lastra di vetro diventa specchio.

E quei:"S'i' fossi di piombato vetro,
l'imagine di fuor tua non trarrei
più tosto a me, che quella dentro 'mpetro".

(*Inferno*, XXIII, 25)

e indi l'altrui raggio si rifonde
così come color torna per vetro
lo qual di retro a sé piombo nasconde.

(Paradiso, II, 90)

Ma lo specchio nella *Divina Commedia* riflette molte presenze:
quella più immediata ci arriva dal Canto XV dell'*Inferno*.

Come quando da l'acqua o da lo specchio
salta lo raggio a l'opposita parte,
salendo su per lo modo parecchio

a quel che scende, e tanto si diparte
dal cader de la pietra in igual tratta,
sì come mostra esperïenza e arte;

così mi parve da luce rifratta
quivi dinanzi a me esser percosso;
per che a fuggir la mia vista fu ratta.

E ancora le citazioni potrebbero susseguirsi, perché le illusioni
che questo oggetto offre sono pur sempre fonte di maraviglia, a
fianco di Beatrice nel *Paradiso* (Canto XXVIII, 4-6):

come in lo specchio fiamma di doppiero
vede colui che se n'alluma retro,
prima che l'abbia in vista o in pensiero,

Ma già prima, sempre in compagnia della donna amata, al Canto
II (vv. 97-105) l'esperimento dei tre specchi aveva richiamato la
curiosità del lettore e lo aveva esortato a ripeterlo:

Tre specchi prenderai; e i due rimovi
da te d'un modo, e l'altro, più rimosso,
tr'ambo li primi li occhi tuoi ritrovi.

Rivolto ad essi, fa che dopo il dosso
ti stea un lume che i tre specchi accenda
e torni a te da tutti ripercosso.

Ben che nel quanto tanto non si stenda
la vista più lontana, lì vedrai
come convien ch'igualmente risplenda.

Anche il Petrarca, nel suo sonetto 361 del *Canzoniere* parlando di
se stesso ricorre a questo oggetto:

Dicemi spesso il mio fidato speglio,
L'animo stanco e la cangiata scorza
E la scemata mia destrezza e forza:
Non ti nasconder più; tu se' pur veglio.

Obbedir a Natura in tutto è il meglio;
Ch'a contender con lei il tempo ne sforza.
Subito allor, com'acqua il foco ammorza,
D'un lungo e grave sonno mi risveglio:

E veggio ben che 'l nostro viver vola,
E ch'esser non si può più d'una volta;
E in mezzo 'l cor mi sona una parola

Di lei ch'è or dal suo bel nodo sciolta,
Ma nei suoi giorni al mondo fu sì sola,
Ch'a tutte, s'i' non erro, fama è tolta.

Lo *Speculum Humanæ Salvationis*, la prima opera di Laurens
Janszoon Koster, a lungo è stato ritenuto il più antico libro stampato in Olanda ed è un breviario di morale cristiana.

Nel 1608 Otto Vaenius (van Veen) pubblicava ad Anversa un libro intitolato *Amorum Emblemata*, riccamente illustrato da incisioni che rappresentano, nelle figurazioni di casti puttini alati, le allegorie dell'amore. Lo specchio ricorre in questa raccolta ben due volte. Nel primo emblema, che reca un puttino alato con in mano uno specchio ovale, si riporta la frase latina *Amantis veri cor, ut speculum splendidum* (il cuore di un vero amante rifulge come uno specchio) che è attribuita a Plutarco: a essa segue come sempre una quartina.

> Come mostra lo specchio un viso tale
> Qual'è, così dovrebbe l'amatore
> Mostrar di fuori, com'è dentro, il core.
> Convien che al detto sia la voglia eguale.

Più avanti lo specchio ritorna, questa volta sorretto da un puttino alato che lo mostra a una figura femminile, al cospetto di una statua che raffigura la giustizia. La *Fortuna è specchio d'Amore*.

> Si come il fido specchio i gesti, e l'opre
> Di bella, e brutta faccia manifesta,
> Così per sorte prospera ò molesta
> Nei successi l'amante si discuopre.

Nell'*Iconologia* di Cesare Ripa lo specchio fa la sua comparsa invece in mano alla Scienza.

> La Scienza è una donna con l'ali al capo, nella destra mano tenghi uno specchio et con la sinistra una palla, sopra della quale sia un triangolo. [...] Lo specchio dimostra quel che dicono i Filosofi, che scientia sit abstrahendo, perché il senso nel capire gli accidenti, porge all'intelletto la cognitione delle sostanze ideali, come vedendosi nello specchio la forma accidentale delle cose esistenti si considera la loro essenza.

Nel 1632 Bonaventura Cavalieri (1598-1647) pubblica un libro intitolato *Lo specchio ustorio overo trattato delle settioni coniche, et alcuni loro mirabili effetti intorno al lume, caldo, freddo, suono, e moto ancora* (Clemente Ferroni, Bologna) in cui l'ottica geometrica spiega curiosi e interessanti fenomeni caratteristici degli specchi concavi e convessi. Alcuni anni più tardi, a Roma, il gesuita Athanasius Kircher sviluppa una propria scienza gnomonica che sarà contenuta nell'opera *Ars Magna Lucis et Umbrae* del 1646. Nel libro X, intitolato *Magia Horographica* si tratta particolarmente degli orologi solari e tra questi si trova una *Sirena con specchio*.

Per questo orologio [...] si tracciano le linee orarie per l'orologio anaclastico nella parte opposta allo specchio. Tale specchio è sorretto da una statua che rappresenta la sirena. Lo specchio è forato al centro e posto verticalmente in modo che i raggi solari possono arrivare sul tracciato orario per rifrazione. [...] La statua è tenuta ferma sull'acqua per mezzo di un magnete applicato sul fondo del vaso riempito d'acqua.

La *gibigiana*, o gibigianna, è il balenio di luce riflesso da uno specchio o da altra superficie riflettente, ma anche il riflesso del sole sull'acqua mossa e increspata. È il gioco con cui si diverte la piccola Amélie Poulain nel famoso film di Jean-Pierre Jeunet. Gibigiana è una parola strana che i linguisti fanno derivare dal latino, *lubana*. La gibigiana è un gioco e uno scherzo che tutti almeno una volta abbiamo fatto, ma, in tono scherzoso, è detto anche di una donna che ostenta eleganza.

Il ciclo pittorico, intitolato *La Gibigianna*, fu realizzato da Pinot Gallizio all'inizio del 1960, a pochi mesi di distanza dall'allestimento a Parigi della *Caverna dell'Antimateria*, dove le connessioni si erano estese alla fisica quantista e alla riflessione antropologica. Con Simondoe Jorn, Gallizio, nei primi anni '50, aveva fondato il *Laboratorio di esperienze immaginiste* e nell'autunno del '56 aveva convocato ad Alba il primo *Congresso mondiale degli artisti liberi*; qui avvenne l'incontro del *Movimento per una BauhausImmaginista* e l'*Internazionale Lettrista* di Guy Debord e Gil Wolman. L'anno dopo i due gruppi si unirono nell'*Internazionale Situazionista*. Gallizio con la *Gibigianna* tornava a misurarsi con la dimensione del quadro, in un ciclo composto da sette tele, cui nei mesi successivi se ne aggiunse un'ottava, presentate nel 1960 alla *Galleria Notizie* di Torino, in un gioco colorato di riflessi tra cronaca e cultura popolare, dallo Sputnik al rock and roll.

Quella notte José Arcadio Buendìa sognò che in quel luogo sorgeva una città rumorosa piena di case con pareti di specchio. Chiese che città fosse quella, e gli risposero con un nome che non aveva mai sentito, che non aveva alcun significato, ma che nel sonno aveva avuto un'eco soprannaturale: Macondo.

È facile riconoscere in queste poche righe la prima apparizione della città di Macondo nel sogno del protagonista di *Cent'anni di solitudine* di Gabriel Garcia Marquez.

José Arcadio Buendìa non riuscì a decifrare il sogno delle case con pareti di specchio fino al giorno in cui conobbe il ghiaccio.

Ma gli specchi sono anche al centro della famosa Biblioteca delle *Ficciones* di José Luis Borges:

L'universo (che altri chiama la Biblioteca) si compone d'un numero indefinito, e forse infinito, di gallerie esagonali, con vasti pozzi di ventilazione nel mezzo, bordati di basse ringhiere. Da qualsiasi esagono si vedono i piani superiori e inferiori, interminabilmente. La distruzione degli oggetti nelle gallerie è invariabile. Venticinque vasti scaffali, in ragion di cinque per lato, coprono tutti i lati meno uno… Nel corridoio è uno specchio, che fedelmente duplica le apparenze. Gli uomini sono soliti inferire da questo specchio che la Biblioteca non è infinita (se fosse realmente tale, perchè questa duplicazione illusoria?); io preferisco sognare che queste superfici argentate figurino e promettano l'infinito…

Ma è Valdrada, la città degli specchi, forse una delle più suggestive tra *Le città invisibili* di Italo Calvino:

Gli antichi costruirono Valdrada sulle rive d'un lago con case tutte verande una sopra l'altra e vie alte che affacciano sull'acqua i parapetti a balaustra. Così il viaggiatore vede arrivando due città: una diritta sopra il lago e una riflessa capovolta. Non esiste o avviene cosa nell'una Valdrada che l'altra Valdrada non ripeta, perchè la città fu costruita in modo che ogni suo punto fosse riflesso dal suo specchio, e la Valdrada giù nell'acqua contiene non solo tutte le scanalature e gli sbalzi delle facciate che s'elevano sopra il lago ma anche l'interno delle stanze con i soffitti e i pavimenti, la prospettiva dei corridoi, gli specchi degli armadi. Gli abitanti di Valdrada sanno che tutti i loro atti sono insieme quell'atto e la sua immagine speculare, cui appartiene la speciale dignità delle immagini, e questa loro coscienza vieta d'abbandonarsi per un solo istante al caso e all'oblio. Anche quando gli amanti dànno volta ai corpi nudi pelle contro pelle cercando come mettersi per prendere l'uno dall'altro più piacere, anche quando gli assassini spingono il coltello nelle vene nere del collo e più sangue grumoso trabocca più affondano la lama che scivola tra i tendini, non è tanto l'accoppiarsi o trucidarsi che importa quanto l'accoppiarsi o trucidarsi delle loro immagini limpide e fredde nello specchio.

Il *Caffè degli Specchi* è un luogo reale e speciale per Trieste: incontro di letterati e di politici. Fu inaugurato nel 1839, ma fu completato solo nel 1846 a causa di difficoltà finanziarie, che costrinsero il proprietario a cedere l'intero edificio alle Assicurazioni Generali. Nel 1884 fu ceduto a A. Cesareo e V. Carmelich, due noti "caffettieri" che operarono la prima ristrutturazione (1933), necessaria anche a introdurre nel locale la corrente elettrica. Nel 1945 il *Caffè degli Specchi* fu requisito dalle truppe anglo-americane e la Royal Navy ne fece il proprio quartier generale e fino al 1953, quando finalmente Trieste fu annessa all'Italia, i triestini poterono frequentarlo solo se accompagnati da militari britannici.

Mirrorshades sono gli occhiali da sole a specchio, ma è anche il titolo di una raccolta di racconti di fantascienza cyberpunk curata da Bruce Sterling (*Mirrorshades: The Cyberpunk Anthology*, Ace Books, New York 1986).

Canta Lawrence Ferlinghetti nel suo *Matisse al Modern, Magritte al Met*:

Lui che s'innamorò dell'Invisibile
e trascorse la vita fuggendo
la visione borghese della realtà
(come Matisse la vide
come Matisse la impersonò)
Lui con falsi specchi per occhi
nei quali era riflesso
l'inimmaginabile l'inesplicabile
l'impronunciabile inconscio
l'impossibile visto come distinta possibilità

Il surreale specchio di Magritte, dove le leggi della riflessione duplicano l'immagine senza ribaltarla specularmente, è anche stato ripreso in una copertina del settimanale *Topolino* (n. 2333, 15 agosto 2000) qui è Pippo a fare le spese di questa strana ottica.

E a questo punto come non ricordare le illusioni ottiche di Escher dove l'universo sembra potersi riflettere in una sfera di specchio o come, in una dimensione minimale ritorna nei versi di *Lo specchio* di Ol'ga Sedakova.

Mio caro, io stessa non so:
a cosa porta tutto cio?
Accanto un piccolo specchio serpeggia
della grandezza d'una lenticchia
o d'un chicco di miglio.
E ciò che in esso arde e pare,
ciò che guarda, appare, brucia –
è meglio non vederlo affatto:
Ma la vita è una piccola cosa,
a volte sta tutta su un mignolo, o sull'orlo d'una ciglia –
e la morte, tutt'attorno, come un mare.
                                    (trad. di M. Cicognani Wolkonsky)

Ritorniamo indietro. Tomaso Garzoni dedica il suo centoquarantottesimo discorso della *Piazza Universale di Tutte le Professioni* agli "speculari et specchiari":

L'Origine della scienza de' specchi (come dice Raffael Mirami hebreo nel suo discorso della specularia) di cui massimamente ci serviamo, è derivata non altronde, che da' miracolosi effetti visti, e considerati ne' specchi, facendo eglino vedere in tanti, e così varij modi l'imagine de gli obietti visibili, et mostrando infinite apparenze oblique, dalla quale è generata quella parte di prospettiva, che specularia si dimanda da' Latini, et da Greci Catoptrice, il cui pregio è mirabile, perché ella ne rende la cagione di tante belle apparenze, che negli specchi si veggono.

È chiaro che, parlando di specchi, la tentazione di lasciare spazio alle fantasmagorie e alle illusioni ottiche sia grande, a discapito dei più comuni e banali usi e impieghi di un oggetto che, per quanto prezioso, da moltissimo tempo è di uso comune. Se Tomaso Garzoni cita Dante Alighieri e Francesco Petrarca, e ancora Orazio, Ludovico Ariosto, Oronzio Fineo, Cardano e Abramo Colorni, "ingegnero del serenissimo Duca di Ferrara", ciò nondimeno non dimentica di illustrare gli aspetti più pratici e tecnici di un'arte assai complessa e raffinata.

Il fabbricante di specchi è artefice e mago al tempo stesso e soprattutto nei tempi antichi le sue arti erano viste sempre con una cert'aura di sospetto. Molti sono i modi di fare gli specchi, come ci insegna la già citata *Piazza Universale* del Garzoni.

Ma per toccare qualche cosa dell'arte prattica de' specchiari intorno a quei communi, dico, che quelli d'acciaio da poco tempo in qua ritrovati, si fanno nella seguente maniera, che si piglia rame e stagno, tanto d'un quanto dell'altro, et si fondono insieme nel crosolo, et per ogni libra di detta materia si mette un'oncia d'arsenico cristallino, mezz'oncia d'antimonio d'argento, mezz'oncia di tartaro di botte calcinato, et si meschia ogni cosa insieme et si lascia almeno per quattro hore così liquefatta, indi bisogna havere una forma, la quale è fatta di due pietre, di tuffo liscie, tra le quali si pone un filo di ferro squadrato della grandezza che si vogliono fare gli specchi, e detta forma si stringe tra due bastoni, et si scalda un poco, et poi si buttano gli specchi con la sopradetta materia, et buttati che sono gli attaccano sopra una pietra con gesso, et sopra un'altra pietra si fregano tanto che restino spianati, e poi si lustrano sopra un feltro con stagno calcinato, et così sono finiti.

Ma non c'è solo un modo di fare gli specchi, soprattutto perché l'uso di lucidare un pezzo di metallo, argento o bronzo che fosse, era già noto dall'antichità classica. A Venezia invece l'arte del vetro aveva trovato un nuovo modo raffinatissimo di produrre quest'oggetto prezioso:

> Quelli poi di cristallo che si fanno a Murano si fanno in altro modo, perché prima si forma alla fornace una palla di vetro grande, o picciola, come i maestri vogliono, et formata che è, la taglia con forbici et si fanno pezzi quadri della grandezza, che pare loro, e poi gli mettono sopra una paletta di ferro, et gli tornano nella fornace a fin tanto che si distendono sopra la detta paletta, et distesi che sono, gli mettono dentro d'un fornello fatto a posta, sopra vi pongono della cenere, et così empiono il fornello dandogli alquanto di fuoco, et poi lo lasciano raffreddare in tutto, e gli cavano fuori, e questo si fa per cuocergli in modo che si possino lavorare, che non si rompono. Fatto questo vi sono alcuni artefici detti specchieri, i quali tolgono questi vetri, et gli squadrano et sopra una pietra gli mette nel medesimo modo. Che si fa quelli d'acciaio, et si lisciano da ogni banda sopra una certa lastra di ferro, con una certa sorte d'arena che viene da Vicenza et spianati, che sono si lustrano, come gli altri, et poi si piglia una foglia di stagno, grossa come carta reale, et si mette sopra una pietra, et di sopra vi si pone argento vivo tanto che sia tutta coperta, et da poi si mette lo specchio da un capo, et si va spingendo a poco a poco, tanto che sia tutto sopra la foglia, et così si lascia, et è finito et questi si chiamano specchi di Cristallo, che sono bellissimi.

Anche Primo Levi, in un suo racconto fantastico, quasi di fantascienza, come lo sono le sue *Storie Naturali*, parla di un *Fabbricante di specchi*:

> Aveva in mente un progetto più ambizioso. Provò in grande segreto vari tipi di vetro e di argentatura, sottopose i suoi specchi a campi elettrici, li irradiò con lampade che aveva fatto venire da paesi lontani, finché gli parve di essere vicino al suo scopo, che era quello di ottenere specchi metafisici. Uno Spemet, cioè uno specchio metafisico, non obbedisce alle

leggi dell'ottica, ma riproduce la tua immagine quale essa viene vista da chi ti sta di fronte: l'idea era vecchia, l'aveva già pensata Esopo e chissà quanti altri prima e dopo di lui, ma Timoteo era stato il primo a realizzarla.

Non bisogna pero illudersi, perché se pure prezioso, lo specchio, o in generale ogni superficie che riflette, ha in sé tutta la fragilità e la caducità delle cose, e non per nulla rompere uno specchio, da sempre, ha portato solo disgrazie. Infatti, concludeva il Garzoni che "né i specchiari han troppo da vantarsi perché le loro opre sono fragili come il vetro, et l'honore et la gloria è tutta apparente e sofistica, come sono le cose di prospettiva…"

> Nei giorni freddi e piovosi [Gargantua ed i suoi amici] andavano a vedere come si battono i metalli o come si fonde l'artiglieria; o indugiavano a veder lavorare i lapidari, gli orafi, gli incisori, gli alchimisti, i monetrieri, i tessitori d'alto liccio, i fabbricanti di panno, i vellutieri, gli orologiai, gli specchiai, gli stampatori, gli organari, i tintori e altri artigiani e maestri di bottega, e offrendo da bere a tutti scoprivano e imparavano i segreti dell'industria e dei mestieri.
>
> (*La vie très horrificque du grand Gargantua,*
> *père de Pantagruel,* libro I, cap.XXIV, F. Rabelais)

René Descartes nel 1637 intuisce che la forma parabolica della superficie di lenti e specchi riesce a correggere le aberrazioni dovute alla sfericità della superficie, ma manca ancora una macchina in grado di realizzare ciò che si desidera. Di lì a poco tutti gli scienziati, Newton compreso, si ingegneranno a costruire macchine per fabbricare lenti e specchi sempre con maggiore precisione.

E dopo aver preso un libro dallo scaffale, ci accorgiamo che non è quello di Baltrusaitis, ma il *Through the Looking-Glass and What Alice Found There.* Chissà che cosa c'è dietro lo specchio?

E Alice prese la Regina Rossa dal tavolo e la mise innanzi al micino come il modello da imitare; ma la cosa non riuscì, principalmente, disse Alice, perchè il gattino non volle piegar bene le braccia. Così, per punirlo, lo tenne di fronte allo specchio, perchè guardasse quant'era goffo.

– … E se non stai buono – aggiunse, – ti faccio andare nello specchio. Ti piacerebbe di andare nello specchio? Ora, se stai attento, Frufrù, e non parli tanto, ti dirò tutta la mia idea intorno alla Casa dello Specchio. Prima di tutto, v'è la stanza che si vede attraverso lo Specchio: è precisa come il salotto dove stiamo; però tutte le cose son messe alla rovescia. Salendo su una sedia la veggo tutta… tutta tranne la parte dietro il caminetto. Quanto mi piacerebbe veder quella parte! Chi sa se nell'inverno c'è il fuoco: se il nostro focolare non fa fumo, non s'indovina mai; ma se c'è fumo di qua, c'è fumo anche di là. Ma chi sa, può essere una finzione, per dare a credere che ci sia il fuoco anche di là. I libri, poi, somigliano ai nostri libri; ma le parole sono stampate a rovescio. Questo lo so; perchè ho tenuto un libro contro lo specchio, e nell'altra stanza ne hanno pigliato un altro.

– Ti piacerebbe di stare nella Casa dello Specchio, Frufrù? Chi sa, se ti darebbero il latte là dentro? Forse il latte della Casa dello Specchio non è buono da bere…

E ora, Frufrù, arriviamo al corridoio. Se si lascia aperta la porta del nostro salotto si vede un pezzettino del corridoio della Casa dello Specchio: somiglia molto al corridoio nostro, ma chi sa se più in là non è diverso.

Oh, Frufrù, che bellezza se potessimo entrare nella Casa dello Specchio! Son certa che ci sono tante belle cose. Fingiamo di poterci entrare, Frufrù, fingiamo che lo specchio sia morbido come un velo, e che si possa attraversare. To', adesso sta diventando come una specie di nebbia… Entrarci è la cosa più facile del mondo.

(Attraverso lo specchio, Lewis Carroll)

Specchio, che in sardo si dice *ispiju* e in friulano *spieli*, deriva dal latino, *speculum*, che ha la stessa radice di *specio* ovvero *spicio*, io guardo. Le stesse origini hanno il provenzale *espelhs*, il catalano *espelh*, lo spagnolo *espejo* e il portoghese *espelho*.

Il tedesco *Spiegel* – chi non conosce il settimanale politico *Der Spiegel?* – e tutta la famiglia degli specchi teutonici e scandinavi, deriva dal latino medievale *speglum* e dall'italiano *speglio*, che hanno la stessa origine nello *speculum*. Fa eccezione la Francia dove lo specchio è *miroir* dal latino *mirare* (guardare) e *mirari* (ammirarsi), e naturalmente dal *miratorium*, che è lo specchio: come spesso accade per le cose di lusso, gli Inglesi con il loro *mirror* hanno copiato da questi. Ma i Francesi, sin dal 1130 chiamano *glace* lo specchio. Dal latino *glacia, glacies*, il termine fa riferimento al riflettersi sul ghiaccio: il gelato, che ha lo stesso nome, venne assai dopo nel vocabolario dei parigini. Fece la sua comparsa per la prima volta sul *Dictionnaire françois-allemand* di J.-H. Wiederhold nel 1669, dopo che il siciliano Francesco Procopio dei Coltelli nel suo *Café Procope* incominciò a servire sorbetti.

L'*armoire a glace*, l'armadio a specchio, non è solo un pregevole pezzo di mobilio, ma anche il titolo di una *pièce* teatrale di Louis Aragon. L'*Armadio a specchio in una bella serata*, è stata scritta nell'autunno del 1922 e debuttò nell'aprile del 1923 nel *Theatre des Champs-Elysées* dove Aragon occupava un posto amministrativo. Jules, rientra a casa dopo una giornata di lavoro e trova la moglie intenta a proteggere un armadio a specchio nel quale c'è il sospetto che si nasconda l'amante. Jules cerca di ritardare l'apertura dell'armadio, mentre sua moglie Eleonore lo induce invece a farla finita, e su questa inversione di ruoli si giunge a una soluzione da Grand Guignol. E ancora: L'*armoire à glace* è il titolo della versione francese della canzone *Brick Shithouse* dei Placebo e così pure *Le naufrage de l'Armoire à glace* è il titolo di un racconto di Georges Simenon apparso sul settimanale *Gringoire*, n. 643 il 3 aprile 1941.

Jules-Amédée Barbey d'Aurevilly (1808-1889) scrisse in una sua opera:

> L'armadio a specchio è come un grande lago dove vedo navigare le mie idee insieme alla mia immagine…

Se "gli occhi sono lo specchio dell'anima" bisogna però fare attenzione quando di fronte a noi appare "uno specchietto per le allodole". Sono modi di dire che ritornano sul tema dove la riflessione oscilla tra pensiero e apparenza, tra realtà e illusione.

Dopo di ciò, Zarathustra tornò sulla montagna e nella solitudine della sua caverna e si sottrasse agli uomini: aspettava come un seminatore che ha gettato il suo seme. Ma la sua anima era piena di impazienza e di desiderio verso coloro che egli amava: perché egli aveva da dare loro ancora molto. Questa è infatti la cosa più ardua: per amore chiudere la mano aperta e avere pudore di donare. Così per il solitario passarono mesi e anni; ma la sua saggezza cresceva e l'abbondanza lo rendeva triste. Ma un mattino si svegliò molto prima dell'alba rifletté a lungo sul suo giaciglio e infine parlò al suo cuore: "Che cosa mi ha spaventato nel mio sogno, che mi sono svegliato? Non venne da me un bimbo, che portava uno specchio? «O Zarathustra» mi disse il bimbo «guardati nello specchio!». Ma come io guardai nello specchio, gettai un grido, e il mio cuore si emozionò: siccome io non vi vidi me stesso, ma la smorfia e il ghigno di un demonio. In realtà, io comprendo molto bene il significato e l'ammonizione del sogno: il mio insegnamento è in pericolo, l'erba cattiva pretende di chiamarsi frumento! I miei nemici sono divenuti potenti e hanno alterato l'immagine del mio insegnamento, così che i miei prediletti debbono vergognarsi dei doni che ho dato loro".

Friedrich Nietzsche all'inizio della seconda parte di *Così parlò Zarathustra* chiama in causa "il fanciullo" (*das Kind*), che rappresenta per Nietzsche la compiuta metamorfosi dell'*Übermensch*. È il bambino che in sogno porta uno specchio a Zarathustra. Più oltre il filosofo ritornerà con la metafora dello specchio in più occasioni parlando di volontà, del superamento di se stessi, dei sublimi.

"Volontà del vero voi chiamate, voi molto saggi, ciò che vi incita e vi fa credenti? Volontà di concepire ogni cosa esistente: così io chiamo la vostra volontà! Ogni cosa che esiste voi volete rendere concepibile: siccome voi dubitate, con giusta diffidenza, che sia perfino pensabile. Essa deve subordinarsi e piegarsi a voi! Così vuole la vostra volontà. Dovrà divenire strisciante e sottomessa allo spirito, come uno specchio e la sua immagine riflessa. Questa è tutta la vostra volontà, o molto saggi, quasi una volontà di potenza; anche quando parlate del bene e del male e delle stime dei valori.

Ho seguito ciò che vive, ho seguito il cammino più grande e quello più piccolo, per conoscere le sue varietà. Con uno specchio centuplo, io captavo il suo sguardo, se la sua bocca era chiusa: perché mi parlasse il suo occhio. E il suo occhio mi parlò. Ma dovunque io trovai viventi, là io udii anche parlare dell'obbedienza. Ogni vivente è un obbediente.

Sì, o sublime, un giorno tu dovrai essere anche bello e mettere, davanti alla tua propria bellezza, lo specchio. Allora la tua anima sarà scossa da un divino desiderio; e nella tua vanità vi sarà adorazione! Questo infatti è il segreto dell'anima: solo quando l'eroe l'ha abbandonata, le si avvicina, in sogno, il Supereroe". Così parlò Zarathustra.

Anche nel mito lo specchio può essere strumento di conoscenza e di salvezza, come accade a Perseo che riesce a uccidere la Medusa perché non la guarda direttamente negli occhi, ma attraverso una superficie riflettente. Sia nella leggenda di Narciso sia nella favola del *Cervo alla fonte*, ripresa da Esopo, da Fedro sino a La Fontaine, lo specchio illude, inganna e porta alla rovina. Nel *Ritratto di Dorian Gray*, il vero protagonista del romanzo di Oscar Wilde è il dipinto che diventa specchio del protagonista, tra illusione e realtà.

Quando invece è l'arte a far uso dello specchio, allora scienza e immaginazione si incontrano come nell'*Autoritratto allo specchio* del Parmigianino e come accade nello specchio convesso della *Famiglia Arnolfini* di Van Eyck o ancora di più *Au folies Bergères* di Manet, oppure la *Girl before a mirror* di Pablo Picasso del 1932 e conservato al *Museum of Modern Art* di New York. Con lo *Specchio rotto* (1978) di Michelangelo Pistoletto, come già era successo con lo specchio di forma muliebre di Carlo Mollino, lo specchio perde la sua funzione primaria e serve a esaltare la

forma del suo perimetro più che l'immagine in esso contenuta. E la provocazione di Luigi Stoisa arriva sino a far specchiare *Narciso* sulla lucida nera superficie di un fusto di bitume. Ma infinite possono essere le varianti di Narciso allo specchio.

Qualunque sia la sua forma o la sua destinazione, lo specchio è sempre un prodigio dove realtà e illusione si sfiorano e si confondono. Il suo primo effetto fu di rivelare all'essere umano la propria immagine. Rivelazione fisica e morale, che affascinò i filosofi. Socrate e Seneca raccomandavano lo specchio come strumento per conoscere se stessi; lo specchio è l'attributo della Prudenza e incarna la Sapienza. Una sola parola esprime la riflessione che avviene nel pensiero e nello specchio. Immagine di un'immagine, simulacro staccato dal corpo e reso visibile su uno schermo, *alter ego*, fantasma, doppio del soggetto che ne condivide il destino, il riflesso e il suo oggetto sarebbero indissolubilmente uniti da legami mistici, e da sempre la loro assoluta identità è sembrata dipendere da un miracolo che nessun artista è mai riuscito ad eguagliare. Eppure, è nel segno della civetteria che questo strumento filosofico si diffonde dapprima, di pari passo con l'affinamento dei costumi. Le Sirene, la Lussuria, la Vanità vi si guardano. Le innumerevoli rappresentazioni di donne allo specchio, il loro consigliere delle grazie, (cortigiane, grandi dame, cameriere, modelle, Venere e Psiche) perpetuano il tema allegorico facendolo sopravvivere a se stesso in un medesimo contesto di ambiguità dove l'esistenza materiale si sdoppia in luoghi inaccessibili e nello stesso tempo incantesimo.

(Lo specchio. Rivelazioni,
inganni e science-fiction, Jurgis Baltrusaitis)

Si potrebbe a questo punto seguire le orme di Baltrusaitis e andare a rovistare gli eruditi saggi delle arti catottriche e della prospettiva, tra Rinascimento e Barocco, rispolverando *La perpspective avec la raison des ombres et miroirs* di Salomon De Caus (Londra 1612), o il *Discorso intorno al disegno con gl'inganni dell'occhio* di Pietro Accolti (Firenze 1625), o ancora l'*Ars magna lucis et umbrae* di Athanasius Kircher (Roma 1646), dove si impara a

costruire per mezzo di specchi piani una macchina catottrica
in modo che l'uomo, guardando nello specchio, al posto di un
volto umano sembri presentare il volto di un asino, di un bue,
di un cervo, di uno sparviero o di simili animali

ma si dimenticherebbe lo scopo di questo libro e proprio lo specchio si porta appresso troppe metafore.
William Shakespeare nel suo sonetto XXII fa dello specchio il
tema di una riflessione morale.

Non mi convincerà lo specchio ch'io son vecchio
Finchè tu e gioventù siete coetanei,
Ma quando in te vedrò del tempo i solchi
Mi aspetterò che morte espii i miei giorni.
Chè tutta la bellezza che t'adorna
È solo degna veste del mio cuore
Che vive nel tuo seno, come il tuo vive in me;
Come dunque sarei di te più vecchio?
Abbi perciò, amor mio, cura di te
Come io ne avrò, non per me, ma per te,
Custodendo il tuo cuore, e ne avrò cura
Qual tenera nutrice che un bambino guardi dal male;
Non contar sul tuo cuore quando il mio sarà assassinato:
Mi desti il tuo per sempre, senza restituzione.

La *Lettera ai Corinzi* di San Paolo è uno dei testi fondamentali del
cristianesimo, e in essa il paragone dello specchio mette in evidenza la limitatezza del nostro ragionamento, ancora non illuminato dalla fede. A quel tempo gli specchi erano fatti di bronzo o
argento lucidati a specchio, ma l'immagine era pur sempre molto
confusa. Ma quando verrà ciò che è perfetto, quello che è imperfetto scomparirà.

Quand'ero bambino, parlavo da bambino, pensavo da bambino, ragionavo da bambino. Ma, divenuto uomo, ciò che era da
bambino l'ho abbandonato. Ora vediamo come in uno specchio, in maniera confusa; ma allora vedremo a faccia a faccia.
Ora conosco in modo imperfetto, ma allora conoscerò perfettamente, come anch'io sono conosciuto.

Proprio da questa frase il regista Ingmar Bergman trae spunto per il titolo di un suo film del 1962, che vinse l'Oscar per la migliore pellicola straniera.

... è un inventario prima della svendita... la mia intenzione era di descrivere un caso di isterismo religioso...

Così lo definì il regista per narrare l'incubo e la follia di due giorni di vacanza su un'isoletta ventosa del Mar Baltico.

La mia mente era uno specchio:
Vedeva ciò che vedeva, sapeva ciò che sapeva.
In gioventù la mia mente fu come uno specchio
di un'auto in rapida corsa,
che coglie e subito disperde i tratti del paesaggio.

Così invece Edgard Lee Masters nella sua *Antologia di Spoon River* narra la vita di *Ernest Hyde*, e continuava...

Poi col tempo
sullo specchio si produssero profonde scalfitture,
tra cui si insinuava il mondo esterno,
e affiorava il mio io più segreto.
È questa la nascita dell'anima nel dolore;
una nascita fatta di guadagni e di perdite.
La mia mente vede il mondo come una cosa separata,
e l'anima ne fa un tutt'uno con se stessa.
Uno specchio graffiato non riflette immagini,
e questo è il silenzio della saggezza.

Lo Specchio è il titolo di una collana di poesia creata dalla casa editrice Alberto Mondadori nel 1940. Lo specchio è tema presente nella poesia italiana con suggestioni assai diversificate. *I travestimenti* di Eugenio Montale possono essere presi a icona di questo capitolo.

Non è poi una favola
che il diavolo si presenti
Come già il grande Fregoli travestito.
Ma il vero travesti

che fu uno dei cardini
del vecchio melodramma
non è affatto esaurito.
Non ha per nulla bisogno
di trucchi parrucche o altro.
Basta un'occhiata allo specchio
per credersi altri.
Altri e sempre diversi
ma sempre riconoscibili
da chi si è fatto un cliché
del nostro volto.
Risulta così sempre vana
l'arte dello sdoppiamento:
abbiamo voluto camuffarci
come i prostituti nottivaghi
per nascondere meglio le nostre piaghe
ma è inutile, basta guardarci.

Lo specchio sacro della tradizione Shinto, conservato nel tempio di Ise, rappresenta la verità o la veracità. Secondo la leggenda, venne fabbricato dagli dei per indurre la dea del Sole Amaterasu a uscire dalla grotta in cui si era ritirata, in preda alla collera, e per restituire così la luce al mondo. Quando la dea lanciò uno sguardo all'esterno vide la propria luce nello specchio, la scambiò per un secondo sole e, spinta dalla curiosità, uscì dalla grotta.

Eppure, in nessuna di queste stanze c'è uno specchio. Neppure uno specchio da *toilette* sulla mia tavola, tanto che ho dovuto tirar fuori dalla valigia lo specchietto da barba, per potermi radere e pettinare.

Siamo ora entrati nel castello del conte *Dracula* e Bram Stoker, l'autore di questo racconto dell'orrore, usa proprio uno specchietto per introdurre il disagio dell'io narrante di fronte all'altro, al misterioso, all'inconoscibile.

Avevo appeso alla finestra il mio specchietto da barba, e stavo cominciando a radermi. D'un tratto ho sentito una mano sulla mia spalla, e la voce del conte che diceva: "Buongiorno!".

Stupefatto di non averlo visto, perché nello specchietto si rifletteva l'intera stanza alle mie spalle, ho avuto un sussulto. Nel sobbalzare mi sono fatto un taglietto, ma lì per lì non me ne sono accorto.

Dopo aver risposto al saluto del conte, mi sono girato di nuovo verso lo specchio, per capire come mi fossi potuto sbagliare, ma questa volta non c'era possibilità di errore: l'uomo era vicino a me, e io lo vedevo sopra la mia spalla, ma lo specchio non lo rifletteva! Dietro di me, l'intera stanza era riverberata, ma non c'era traccia di un uomo, me escluso. Questo era sbalorditivo e, sommandosi alle tante altre cose bizzarre, veniva ad accrescere il senso di disagio che provo sempre, quando il conte mi sta vicino.

Dracula di Bram Stoker è anche il titolo di una pellicola del 1992 prodotta e diretta da Francis Ford Coppola. E poiché il cinema è la decima arte, non aliena da specchi e schermi, diventa doveroso dedicarle un piccolo spazio per ritrovare negli specchi, non solo passive quinte in un mondo fatto di immagini.

Clint Eastwood è il regista e anche il protagonista del film *Potere assoluto* (1997), dove impersona Luther Whitney, un ladro che dietro lo specchio-spia di una cabina *caveau* sta compiendo un furto, e diventa testimone di un delitto perpetrato dal presidente degli Stati Uniti. *Eyes Wide Shut*, l'ultimo film del regista Stanley Kubrick, sviluppato sul tema del racconto *Traumnovelle* (*Doppio sogno*, 1926) di A. Schnitzler, è un film giocato sul numero due, sul doppio e sull'ambiguo: il tema centrale è la coppia (Tom Cruise e Nicole Kidman), ma essa fa da quinta proprio lo specchio: uno specchio apparentemente neutrale, ma attraverso il quale vediamo che cosa c'è dietro la realtà.

Il tema del doppio si ripropone ancora in *Canone inverso* (regia di Ricky Tognazzi, 1999), oppure nella pellicola messicana *Una vita rubata* (*La otra*), del regista Roberto Gavaldon, con una straordinaria performance di Dolores Del Rio. Lo specchio diventa il vero mezzo per spiegare "il doppio" nel *Gattopardo* di Luchino Visconti. Qui il volto di Tancredi è riflesso nel piccolo specchio di Don Fabrizio mentre questi è intento a radersi e la sostituzione dei ruoli sembra un segno premonitore di quanto accadrà in seguito. La doppiezza di Tancredi è ulteriormente evidenziata dalla presenza di un secondo specchio che riflette il suo profilo e lo sdoppia. La macchina da presa riprende Burt Lancaster di spalle che ancora si rade di fronte al piccolo specchio asciugandosi poi con un asciugamani. "Se vogliamo che tutto rimanga com'è, bisogna che tutto cambi" è la frase emblematica che viene pronunciata in questa occasione e rimarrà come paradigma dell'intera vicenda.

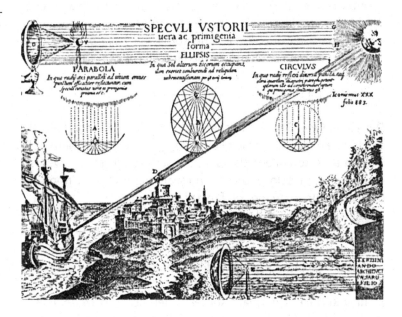

Gli specchi ustori, lo sappiamo tutti, sono stati inventati da Archimede, che con essi difese la città di Siracusa: l'idea è stata ripresa da Lee Tamahori nel film *007 La morte può attendere* (2002), con Pierce Brosnan, e con un gigantesco specchio montato su un satellite.

Quando ci si guarda allo specchio il mondo può cambiare di colpo. È ciò che accade a Jeff Gerber, agente di assicurazioni e incallito razzista: si guarda allo specchio e scopre di essere diventato un nero. *L'uomo caffelatte (The Watermelon Man)* è un film di Melvin Van Peebles del 1970. E attraverso uno specchio Orfeo compie due volte il viaggio nell'aldilà: è l'*Orphée*, un film di Jean Cocteau del 1950.

□ □ □
L'anello

C'era una volta un sarto, che aveva tre figliuole, una più bella dell'altra. Sua moglie era morta da un pezzo, e lui si stillava il cervello per riuscire a maritarle. Le ragazze non avevano dote, e senza dote un marito è un po' difficile a trovarsi. Un giorno questo povero padre pensò d'andarsene in una pianura e chiamare la Sorte: "Sorte, o Sorte!". Gli apparve una vecchia, colla conocchia e col fuso: "Perché mi hai tu chiamata?". "Ti ho chiamata per le mie figliuole". "Menale qui ad una ad una; si sceglieranno la sorte colle loro mani". Il buon uomo, tornato a casa tutto contento, disse alle figliuole: "La vostra fortuna è trovata!". E raccontò ogni cosa. Allora la maggiore si fece avanti, ringalluzzita: "La prima scelta tocca a me. Sceglierò il meglio!". Il giorno dopo, padre e figliuola si avviarono per quella pianura: "Sorte, o Sorte!". Gli apparve una vecchia, colla conocchia e col fuso: "Perché m'hai tu chiamata?". "Ecco la mia figliuola maggiore". La vecchia cavò di tasca tre anelli, uno d'oro, uno d'argento, uno di ferro e li mise sulla palma della mano: "Scegli, e Dio t'aiuti!". "Questo qui". Naturalmente prese l'anello d'oro. "Maestà, vi saluto!". "La vecchia le fece un inchino e sparì". Tornati a casa, la sorella maggiore, pavoneggiandosi, disse alle altre due: "Diventerò Regina! E voi reggerete lo strascico del manto reale!". Il giorno dopo andò col padre l'altra figlia. Comparve la vecchia colla conocchia e col fuso, e cavò di tasca due anelli, uno d'argento ed uno di ferro: "Scegli, e Dio t'aiuti!". "Questo qui". E, s'intende, prese quello d'argento. "Principessa vi saluto!". La vecchia le fece un inchino e sparì. Tornata a casa, quella disse alla maggiore: "Se tu sarai Regina, io sarò Principessa!". E tutt'e due si diedero a canzonare la sorella minore: "Che volete? Chi tardi arriva male alloggia.

Dovea venire al mondo prima". Lei zitta. Il giorno dopo andò col padre la figliuola minore. Comparve la vecchia colla conocchia e col fuso e cavò di tasca, come la prima volta, tre anelli, uno d'oro, uno d'argento e uno di ferro: "Scegli, e Dio t'aiuti!". "Questo qui". Con gran rabbia di suo padre, avea preso quello di ferro. La vecchia non le disse nulla, e sparì. Per la strada il sarto continuò a brontolare: "Perché non quello d'oro?". "Il Signore m'ispirò così". Le due sorelle, curiose, vennero ad incontrarla per le scale. "Facci vedere! Facci vedere!". Come videro l'anello di ferro, si contorcevano dalle risa e la canzonavano. Saputo poi che lo avea scelto fra uno d'oro e uno d'argento, per grulla la presero e per grulla la lasciarono. E lei, zitta.

Questo è l'inizio della fiaba *I tre anelli* di Luigi Capuana e

intanto si sparse la voce che le tre belle figliuole del sarto avevano gli anelli della buona sorte. Il Re del Portogallo dovea prender moglie e venne a vederle.

Per vedere come la fiaba continua basta andarla a leggere; qui possiamo solo anticiparne la conclusione che, come appare evidente, porterà il trionfo della figlia minore. E non poteva che accadere così, come in tutte le fiabe che si rispettano.

Stretta è la foglia, larga è la via.
Dite la vostra, ché ho detto la mia.

Sono la morale che lo scrittore pone a suggello di questa fiaba e poi si potrebbe ancora continuare, ricordando *La figlia del re*, oppure *La vecchina*, entrambe fiabe di Luigi Capuana, o ancora *Pelle d'asino* di Charles Perrault.

L'anello magico è anche al centro di questa fiaba, che racconta di una fanciulla che riuscirà a sposare il principe proprio grazie a questo oggetto incantato. La storia è stata anche oggetto di un fortunato film diretto da Jacques

Demy nel 1970. Interprete fu Catherine Deneuve accompagnata dalle musiche di di Michel Legrand e dalla poesia di Cocteau.

Famoso è nell'antichità il mito dell'anello di Gige, che viene ripreso da Platone nel secondo libro della *Repubblica*, per bocca di Glaucone.

E la facoltà di cui parlo sarebbe tale soprattutto se avessero il potere che viene attribuito a Gige, l'antenato di Creso re di Lidia. Si racconta che egli serviva come pastore l'allora sovrano di Lidia. Un giorno, a causa delle forti piogge e di un terremoto, la terra si spaccò e si produsse una fenditura nel luogo in cui teneva il gregge al pascolo. Gige si meravigliò al vederla e vi discese; qui, tra le altre cose mirabili di cui si favoleggia, vide un cavallo di bronzo, cavo, con delle aperture. Egli vi si affacciò e scorse là dentro un cadavere, che appariva più grande delle normali dimensioni di un uomo; e senza avergli tolto nulla tranne un anello d'oro che portava a una mano, uscì fuori. Quando ci fu la consueta riunione dei pastori per dare al re il rendiconto mensile sullo stato delle greggi, si presentò anch'egli, con l'anello al dito; quindi, mentre era seduto in mezzo agli altri, girò per caso il castone dell'anello verso di sé, all'interno della mano, e così divenne invisibile ai compagni che gli sedevano accanto e che si misero a parlare di lui come se fosse andato via. Egli ne rimase stupito e toccando di nuovo l'anello girò il castone verso l'esterno, e appena l'ebbe girato ridiventò visibile. Riflettendo sulla cosa, volle verificare se l'anello aveva questo potere, e in effetti gli accadeva di diventare invisibile quando girava il castone verso l'interno, visibile quando lo girava verso l'esterno. Non appena si accorse di questo fece in modo di essere incluso tra i messi personali del re; una volta raggiunto l'obiettivo divenne l'amante della sua sposa, congiurò assieme a lei contro il re, lo uccise e in questo modo si impadronì del potere. Se dunque esistessero due anelli di tal genere e uno se lo mettesse al dito l'uomo giusto, l'altro l'uomo ingiusto, non ci sarebbe nessuno, a quel che sembra, così adamantino da persistere nella giustizia e avere il coraggio di astenersi dai beni altrui senza neanche toccarli, potendo prendere impunemente dal mercato ciò che vuole, entrare nelle case e congiungersi con chi vuole, uccidere e liberare di prigione chi vuole, e fare tutte le altre cose che lo renderebbero tra gli uomini pari agli dèi. Agendo così non farebbe niente di diverso dall'altro uomo, ma batterebbero entrambi la stessa via. E questa può essere definita una prova decisiva del fatto che nessuno è giusto di sua volontà, ma per costrizione, come se non ritenesse la giustizia un bene di per sé: ciascuno, là dove pensa di poter commettere ingiustizia, la commette. Ogni uomo infatti crede che sul piano personale l'ingiustizia sia molto più vantaggiosa della giustizia, e ha ragione a crederlo, come dirà chiunque voglia difendere questa tesi; poiché se uno, venuto in possesso di un simile potere, non volesse commettere ingiustizia alcuna e non toccasse i beni altrui, agli occhi di quanti lo venissero a sapere parrebbe l'uomo più infelice e più stupido, ma in faccia agli altri lo loderebbero, ingannandosi a vicenda per timore di subire ingiustizia. Così stanno le cose.

Nell'*Amore delle tre melarance* di Segej Prokofiev (Atto III), il mago Celio cerca di proteggere Tartaglia e Truffaldino; ma il diavolo Farfarello gli ricorda che essendo stato sconfitto alle carte da Morgana, i suoi poteri sono inefficaci. Celio appare ai suoi protetti: consegna loro un anello da usare contro la maga Creonta e li ammonisce ad aprire le melarance solo dove troveranno acqua in abbondanza. Grazie all'anello donato da Celio e mostratole da Truffaldino, la cuoca non si accorge del principe, che s'introduce nella cucina impossessandosi delle tre melarance, ognuna delle quali ha le dimensioni di una testa umana.

Tra il 1500 e il 1600 l'iconologia trovò espressioni di altissimo livello, soprattutto aiutata dai nuovi mezzi di diffusione a mezzo della stampa. I libri di emblemi furono un genere letterario di grande impatto nel mondo della cultura e non solo, anche perché si offrivano corredati da ricche e pregiate illustrazioni. Lo svizzero Théodore de Bèze (1519-1605), autore di varie opere, raccolte in *Theodori Bezae Vezelii Poemata varia: Sylvae, Elegiae, Epitaphia, Epigrammata, Icones, Emblemata, Cato, Censorius / Omnia ab ipso auctore in unum nunc corpus collecta et recognita*. (H. Estienne, Ginevra 1597), al

Annulus pretiofa gemma ornatus   XIX

numero XIX presenta un *annulus pretiosa gemma ornatus* e lo commenta con un epigramma che suona così:

> Qualis quae fulvo circumdat cernitur auro
> Gemma nitens, radio splendidiore micat:
> talis formoso splendensin corpore virtus,
> Nescio quod prodit conspicienda decus.

Come una gemma è valorizzata nel suo splendore da un anello d'oro, così accade per la virtù in un corpo formoso.

Negli *Amorum Emblemata* di Otto Vaenius (van Veen), già incontrati a proposito dello specchio, a descrivere l'allegoria dell'amore sincero è riportata la frase di Cicerone:

> In Amore nihil fictum, nisi simulatum, et quicquid in eo est, idem verum et voluntarium est.

Cui segue una quartina illustrata da un'incisione di un puttino alato che tiene in mano un anello:

> Non si maschera Amor, ne in fatti, ò in detti,
> Non va invisibil come Gygi fea
> In virtù d'un anel, che quelli havea,
> Non finge, et è nel cuor qual nei concetti.

L'anello è mostrato come segno di questa fedeltà, mentre la maschera giace a terra, calpestata. Ma l'anello è anche segno di compiutezza e di forza sicché in un altro degli *Emblemata* di Hadrianus Junius (Christophe Plantin, Antwerp 1565) *nec igni nec ferro cedit*, non cede né al fuoco né al ferro.

> Bipennis hinc, fax inde vivum ignem vomens,
> Nexum adamante suo decussat annulum probè.
> Fortis animus, constansque, victor omnium,
> Despuit intrepidus pericula et saevas cruces.[17]

---

[17] Qui un'ascia bipenne, là una fiaccola che spande fuoco vivo / Bene l'anello con il suo diamante con esse s'incrocia. / Un animo forte e costante, vincitore di tutti, / Intrepido respinge i pericoli e le sventure crudeli.

A questi quattro versi segue un commento iconologico in cui si analizzano i significati simbolici del diamante, chiamato da Plinio "la gioia della forza", della picca e dell'asta che reca un vaso piroforo; e si aggiunge che questa icona è stata tratta dalle insegne di alcuni libri stampati a Praga, che è la città più ricca della Boemia. Praga è una città che nel Rinascimento e nell'Età Barocca ha legato il suo nome alla magia e di anelli magici è pieno il mondo della fantasia. Quello che vediamo in *Matchless* (1967), un film di Alberto Lattuada, indossato da Patrick O'Neal, oppure quello che rende parlante un cane nel film della Disney *Quello strano cane... di papà*. Per non parlare poi della tetralogia *dell'Anello del Nibelungo* di Richard Wagner, degli anelli della saga di Tolkien, o ancora di quello sognato nel *Viaggio immaginario* (1925) di René Claire.

Il gran sacerdote di una setta orientale e i suoi seguaci perseguitano per mezzo mondo i Beatles perché il batterista Ringo Starr possiede un anello da loro ritenuto sacro: è la trama del film *Help* e siamo nel 1965, ovviamente attori e musica appartengono al gruppo di Liverpool. Grazie a un anello magico donatogli dal conte di Cagliostro, il barone di Münchausen compie i suoi viaggi meravigliosi, dalla luna a San Pietroburgo.

Dopo aver scoperto che un grande anello di materiale ignoto, trovato nel 1926 vicino alla piramide di Cheope a Giza è una "porta del cielo", nel 1993 un giovane egittologo accompagna una spedizione militare che, attraversando la "porta", approda su un pianeta di una lontana galassia: la fortuna di *Stargate* (1994) è andata oltre il film di Roland Emmerich. E così si potrebbe andare avanti.

Due bambini di campagna s'impegnano – con un matrimonio giocoso, suggellato da un anello di latta – ad amarsi per sempre, ma le circostanze della vita li dividono: Stefania Rocca, Marco Cocci, Luca Zingaretti, Camilla Filippi, Fiorella Mannoia recitano insieme nel film *Prima dammi un bacio* (2003) di Ambrogio Lo Giudice. Anche se giudicato dalla critica come una pellicola "gracile e buonista" ci riporta a una quotidianità più reale.

Amare davvero, amare per sempre. Riflessioni sull'anello nuziale come un segno dell'amore coniugale (Logos Press, Roma 2003) è un libro del padre Ángel Espinosa de Los Monteros ampiamente pubblicizzato su Internet. L'anello, nonostante tutto, ancora oggi mantiene questo significato, non è solo un segno, ma attorno a esso si sviluppa tutto un sistema di riti e ritualità che è parte della nostra stessa civiltà e che nessuna pretesa di asettica razionalità può far dimenticare, tra il sacro e il profano.

Il faraone disse a Giuseppe: "Ecco, io ti metto a capo di tutto il paese d'Egitto". Il faraone si tolse di mano l'anello e lo pose sulla mano di Giuseppe; lo rivestì di abiti di lino finissimo e gli pose al collo un monile d'oro.

(*Genesi*, 41,41-42)

È questa la prima apparizione di un anello nella *Bibbia*. Poi ve ne sono altre tra cui un passo assai famoso è quello della costruzione dell'arca dell'alleanza dove gli anelli ne sono parte integrante.

Faranno dunque un'arca di legno di acacia: avrà due cubiti e mezzo di lunghezza, un cubito e mezzo di larghezza, un cubito e mezzo di altezza. La rivestirai d'oro puro: dentro e fuori la rivestirai e le farai intorno un bordo d'oro. Fonderai per essa quattro anelli d'oro e li fisserai ai suoi quattro piedi: due anelli su di un lato e due anelli sull'altro. Farai stanghe di legno di acacia e le rivestirai d'oro. Introdurrai le stanghe negli anelli sui due lati dell'arca per trasportare l'arca con esse.

(*Esodo*, 25,10-14)

Ma ciò che stupisce è che nel *Nuovo Testamento* solo Luca e Giacomo parlano di questo monile.

Ma il padre disse ai servi: Presto, portate qui il vestito più bello e rivestitelo, mettetegli l'anello al dito e i calzari ai piedi.

Si tratta della parabola del figliol prodigo (*Luca*, 15,22). E ancora nella *Lettera di Giacomo* (2,2) quando si suppone che arrivi in una adunanza

qualcuno con un anello d'oro al dito, vestito splendidamente, ed entri anche un povero con un vestito logoro.

È l'anello che distingue, che segna il rango. "Non siete giudici dai giudizi perversi?" sarà l'inquietante domanda dell'apostolo.

Gli emblemi dell'investitura, ovvero l'offerta dei simboli del potere reale fatta all'eroe dal dio erano, in Tracia, l'arco e la coppa (*rhyton*). Alcuni dei più antichi rinvenimenti traci su cui appaiono raffigurazioni umane, mostrano l'atto dell'investitura: sull'anello d'oro di Brezovo e sull'anello di Rosovec, tra i reperti più importanti della civiltà dei Traci, vi è sempre l'offerta del *rhyton* da parte di una dea.

Io son l'Ebrietà. Mi sculse una mano maestra
nell'ametista; ed arte pur non è nella pietra.
Ma son di Cleopatra: son sacra: perché nelle mani
della regina, sobria diviene anche l'Ebbrezza

Così Asclepiade cantava l'anello di Cleopatra (*Antologia palatina*, IX, 752, trad. di Ettore Romagnoli).

L'*Anulus piscatoris* (l'anello del Pescatore o Pescatorio) è una delle insegne del papa, e fu utilizzato per sigillare ogni documento ufficiale redatto dal papa. L'anello, che viene fuso in oro per ciascun nuovo pontefice, riporta un bassorilievo di San Pietro che pesca da una barca e reca lungo il suo orlo l'iscrizione con il nome del pontefice. Durante il rito dell'incoronazione il cardinale camerlengo lo infila al dito della mano destra del nuovo papa. Alla morte del papa, l'anello del pescatore viene distrutto dal cardinale camerlengo alla presenza degli altri cardinali, utilizzando un martelletto d'argento. Papa Clemente IV scrivendo al nipote Pietro Grossi nel 1256 fa per la prima volta menzione dell'anello del pescatore. Dal XV secolo se ne conosce l'uso come sigillo apposto sul piombo o sulla ceralacca. Tale pratica cessò nel 1842, quando la ceralacca impressa con l'anello del pescatore cedette il posto a un timbro a inchiostro rosso.

Anello è parola che deriva dal latino *anellus*, diminutivo di *anulus*, a sua volta dimunutivo di *anus*, cerchio che si ricollega all'altra parola *acnus* in cui si ritrova la radica *ak-, ank-*, curvo, curvare, parola di origine sanscrita (*ak-na*=piegato). *Ankulos* in greco significa ricurvo, piegato, e da questo aggettivo deriva il nostro "angolo". In spagnolo, l'anello è *anillo-anilla*, in portoghese *anel*, in francese, *anneau*, ma anche *bague*, che si fa risalire al verbo tedesco *biegen*, piegare, curvare, così come in olandese medievale l'anello è *bagge*. Sarebbe un errore pensare che la *baguette* sia un diminutivo di *bague*: la *baguette* (bastoncino) deriva invece dall'italiano *bacchio*, che è la traduzione del latino *baculum*. Nelle lingue di origine tedesca si ha *ring*; *pierscién* è l'anello polacco, *prsten* è quello ceco e serbocroato, *gyürü* è l'anello ungherese e *kaltsò* è quello russo. In greco antico si diceva *daktù- lios*, mentre oggi lo si pronuncia *daktili'di*. In arabo l'anello è *cha- tim*, in turco è *yüzük*, in ebreo, *tabaat*, ma è anche *'ayin*, che origi- nariamente significava "occhio", ma successivamente nella lingua postbiblica prese il significato più generale di "oggetto di forma rotonda", e in senso figurato venne a significare anche il balenio della luce prodotto da cristalli o da metalli. La ricca varietà di nomi che assume l'anello spiega come, essendo questo oggetto una delle cose più elementari, ma più simboliche di tutte le civiltà, esso abbia anche a livello linguistico saputo mantenere la propria identità culturale.

Molti popoli credono che l'anima esca dalle aperture naturali del corpo, specialmente dalla bocca e dalle narici, e anche dagli altri orifizi, ombelico compreso. Racconta il Frazer che nel Celebes si attaccano ami da pesca al naso del malato cosicché se l'anima dovesse uscirne, essa sarebbe presa all'amo e vi sarebbe attacca- ta. "I bagobo delle Filippine mettono anelli di filo di rame intorno ai polsi e alle caviglie dei malati", con lo stesso scopo.

Nell'isola di Carpato non si abbottonano mai gli indumenti messi ai morti e si tolgono tutti gli anelli, perché – dice il popolo – lo spirito può essere trattenuto per il mignolo, e allora non ha riposo. Qui è chiaro che, anche se non si sup- pone precisamente che alla morte lo spirito esca per la punta delle dita, pure si crede che l'anello eserciti una certa influenza costrittiva che trattiene e imprigiona lo spirito immortale malgrado i suoi sforzi per abbandonare la forma peritura: insomma, l'anello, al pari del nodo, agisce come catena spirituale.

(Il ramo d'oro, J. G. Frazer)

Sempre il Frazer ha studiato anche l'impiego degli anelli come strumento per tenere lontani gli spiriti maligni. Sulla Costa degli Schiavi, in Africa, quando una madre vede il proprio bambino ammalarsi e ritiene che un demone se ne sia impossessato, offre al demone un sacrificio di sangue e attacca degli anelli di ferro e dei piccoli campanelli alla caviglie del piccolo. Appende anche al suo collo altri oggetti di ferro e in special modo delle catene ad anelli. Si suppone che il metallo e il suo tintinnio abbiano poteri apotropaici. Nel Tirolo si dice che una partoriente non debba mai sfilarsi l'anello da sposa perché altrimenti le streghe e i fantasmi si impossesseranno di lei.

Sempre il Frazer dice che presso i Lapponi c'è l'usanza di fare indossare, a chi introduce nella cassa un defunto, un anello di ottone, che viene portato per tutto il tempo della cerimonie della sepoltura infilato nel braccio destro. In questo modo si crede che l'anello abbia il potere di proteggere chi lo tiene da ogni male possa giungergli dallo spirito del morto.

Due tipi di infibulazione erano praticate fin dai tempi più remoti; la prima consisteva nell' applicare un anello al prepuzio dei ragazzi affinché non si masturbassero, la seconda consisteva nell'applicare un anello alla vulva delle ragazze per impedire loro di avere rapporti sessuali garantendo così la verginità. Tra i riti sessuali, antichi di origine, ma ritornati in voga nella civiltà occidentale con la moda del piercing, gli anelli ancora oggi hanno un posto d'onore. Tra tutti forse il più famoso è il cosiddetto *Prince Albert*, in voga già in epoca Vittoriana. Prende questo nome perché si dice che il principe Alberto avesse un anello infilato nella punta del pene, per mantenere indietro il prepuzio e mantenere così il suo organo pulito.

Se i tabù dei nodi sono molto diffusi in ogni civiltà, ciò accade anche, se pure in modo minore, per gli anelli. Si racconta che Pitagora abbia formulato una "legge" che proibiva alla gente di portare anelli. Nessuno poteva introdursi nel tempio della Dominatrice a Licosura in Arcadia con un anello al dito. Anche coloro che consultavano l'oracolo di Fauno, oltre a essere casti e digiuni di carni, dovevano essere assolutamente privi di anelli.

L'anello nell'antichità fu sempre simbolo di rango. Solo i sacerdoti di Giove e, più tardi, i cavalieri e i senatori avevano il diritto di portare l'anello d'oro. Si credeva che Salomone avesse posseduto un anello magico, datogli da Dio, con il quale fosse in grado di controllare la natura, le persone, gli spiriti. Lo usò per sottomettere i demoni che minacciavano la costruzione del tempio, costringendoli a lavorare per lui, tanto da impiegare solo sette anni per edificarlo. *L'anello di re Salomone* è anche il titolo di un libro dell'etologo Konrad Lorenz che ebbe un enorme successo, e che lega chi scrive a una sua esperienza avuta in Friuli nel lontano 1974.

Ornati di pietre preziose, gli anelli si credeva che avessero poteri taumaturgici, come per esempio quelli che, ornati di cornalina, tenevano lontane le emoraggie. Altri anelli erano indossati contro le convulsioni e le paralisi. Giovanbattista Della Porta, nella sua *Magia Naturalis*, afferma che un anello con incisa l'immagine di un serpente prevenga dai morsi velenosi di questo rettile. Cornelio Agrippa di Nettesheim, famoso astrologo occultista del XVI secolo, riporta nei suoi scritti numerose ricette per fabbricare anelli magici. Siamo in un tempo dove scienza e superstizione hanno confini assai sfumati.

Il 30 maggio 1544 muore a Milano Giorgio Pylander (Pilandro), celebre medico autore del libro *Anulus sphericum* dedicato ad Alfonso d'Avalos, dov'è descritto il suo anello sferico dotato di poteri astrologici. Il 1 aprile 1601 fra Agostino Galamini da Bresighella, inquisitore generale, emana l'Editto generale per il Santo Officio dell'Inquisizione di Milano. In questo editto, che impone la denuncia di eretici e giudei, elenca le incriminate pratiche di necromanzia, tra cui non sono assenti anelli esoterici:

> far sacrificio al Demonio, o giurare fedeltà, o essercitare incanti, magie, maleficii, stregherie, sortilegii, et altre attioni simili, o pur tentare rimedii, o medicamenti diabolici, con segni o parole inconite, o portando sopra di se anelli, o altre cose, …

Nell'Archivio del Comune di Bormio, nei *Quaterni inquisitionum* (Sorte invernale 1616-17 (5, 11, 14, 16, 21 gennaio 1617)) si leggono gli atti del processo contro Cristina Motta di Livigno. In particolare sul verbale del *1617 die sabbati 11 mensis ianuarii* si legge:

> La donna si levò dal letto et al meglio che puoté andete giù dal reverendo, pregandolo a darli qualche cosa altro. Il reverendo li disse: La mia comare, havete il male incarnato. Non vi so dar altro, ma facete bene andar a medico, laudandomi andar dal medico a Lovero di Va[lte]llina. Cossì io, in compagnia del quondam Pietro di Giannin d'Orsina, barba della detta Anna, andassemo dal nominato medico di Lovero, al

quale gli dicessemo della infirmità di questa mia mogliere, et come dubitamo che fosse maleficiada. Esso rispose che presto l'haveria saputo. Cossì tolse un anello, lo mise in un reffo, poi mise il reffo in bocca et in mano teneva un'ostia, e faceva pendere l'anello sopra l'ostia et disse: L'è stato una donna che li ha dato da magnare, ma poca cosa. Ma per la povera donna l'è stato asai. Mi gli dimandai se havesse magnato o bevuto. Esso disse: El pega tutt'una! Né noi dimandassimo della persona, né lui me disse altro, ma che me dette medicine de darli in sette volte. Lo pagassemo, poi venessimo via a casa con le medicine. Arivati a casa la sera, la mattina sequente comencisseno a darli la prima medicina, et cossì sino alla quinta, et queste medicine la facevano vomitare tanta robaza ch'era una meraviglia. Nella qual robbaza vi erano delle piume de galine et altra ribalderia come telaza, cavei et simili altre etc. Donde ella ne ricevé gran meglioramento, e andava risolvendosi.

Sempre a Bromio nei *Quaterni inquisitionum* della Sorte invernale 1630-31, al processo per stregoneria contro Giacomina Motta di Semogo, detta Mottisella, che sarà giustiziata il 30 novembre 1630, si legge nel verbale:

Laus Deo.
Processus contra Jacobinam Mottisellam, filiam quondam Vitalis Abundii de Pedrot de Semogo, maleficam suspectam et denunciatam per Dominicam, dictam la Chieriga, carceratam et maleficam convictam, formatus per admodum illustre concilium Burmii, sub pretura illustris domini Jasonis Foliani, exsistentibus regentibus domino Gervasio Grosino et domino Joannino Nesina.
Die martis 19 novembris 1630.
Coram dominis pretore et regente Nesina citatus comparuit Tonius, filius quondam Laurentii del Sosio di Semogo.
Et interogatus. [...]
Gioan della Pozagliera, che hora è morto, mi disse che, passando avanti la sua casa, una sera, sentì parlare. Et facendo a mente, sentì che detta Giacomina parlò con suoi figlioli: Ti basta l'animo di andar su et forar fuori dell'annell della cadena? Cioè di uno di quelli anelli.

Salire per la cappa del camino o passare attraverso uno degli anelli di una catena era indizio di esercizio di pratiche magiche, e quindi condannabile. L'anello era considerato un oggetto di particolari forze occulte. In un processo del 1715 leggeremo:

il diavolo è venuto dentro in stuva e con le griffe [= artigli] lo voleva prender, ma la sua moglie li diede il figliolino in braccio et un anello benedetto.

L'anello nuziale si usava anche come strumento apotropaico per guarire l'orzaiolo.

Se continuiano a sfogliare gli atti dell'Archivio storico del Comune di Bormio spesso ci imbattiamo nella frase "teneatur dare manum in fidem". Nel dialetto del luogo, ma non solo, *dar la man in fede* significava promettere porgendo la mano come conferma di accettazione del patto. Da cui la *maninféde* (1615) e anche *manfede*, è l'anello nuziale, e propriamente quello in cui sono due mani strette insieme, che in italiano si dice con una sola voce *fede*. Nel dialetto di Gallura di dice *manefidi*, nel Campidano *manafidi*.

Nell'arte, l'anello ha propri spazi, limitati ma assai importanti: la sua forma invece, il "toro" assume un ruolo fondamentale nella storia della prospettiva. Nel Rinascimento, il *mazzocchio* era una ciambella di panno riccamente decorato che si poneva in capo per tener fermo un velo o un panno. Allorché i pittori scoprirono la prospettiva e la introdussero nelle loro opere subito compresero che, per dimostrare la propria bravura, dovevano cimentarsi nella rappresentazione di oggetti complessi. E così, prima ancora del famoso calice, Paolo Uccello dimostrò le proprie conoscenze di geometria prospettica disegnando un mazzocchio, di cui, diremmo oggi con il linguaggio della modellazione nei sistemi CAD, tracciò lo schema *ironwire*, riducendo questo toro a una struttura poliedrica.

Lo sposalizio della Vergine è un tema assai presente nell'iconografia sacra di cui i dipinti di Raffaello e del Perugino, suo maestro, ne sono il *focus*. Il dipinto di Raffaello Sanzio, il primo che l'artista firma di sua mano, è un olio su tavola realizzato nel 1504 e oggi conservato alla Pinacoteca di Brera di Milano. Come già nell'opera del Perugino, il baricentro visivo si fissa sulla mano di Maria, sorretta dal sacerdote e "inanellata" da Giuseppe, ma la prospettiva in cui si inserisce il tempio di Raffaello è più alta e ciò contribuisce a dare maggior slancio all'intera scena.

Meno famoso è il dipinto di Giovanni Andrea Sirani (Bologna 1610-1670) intitolato *Angelica si sottrae a Ruggero con l'incantesimo dell'anello*. L'episodio è tratto dall'*Orlando Furioso* dell'Ariosto, dove Angelica, salvata dagli assalti del mostro marino e condotta da Ruggero in una amena radura, si sottrae alle seduzioni amorose dell'eroe inghiottendo l'anello che la renderà invisibile.

Tra gli anelli pittorici più vicini a noi è *La Main Heureuse* (1953) di René Magritte, dove un anello-bracciale d'oro inanella un pianoforte a coda, trasformandosi in una preziosa chiave di basso.

Tra i riti nuziali entrati nella politica certamente non deve essere dimenticato lo *Sposalizio del Mare*, che veniva celebrato a Venezia dal Doge, per simboleggiare il dominio della Serenissima sul mare. Nel XVI secolo questo evento costituiva il culmine della liturgia di Stato. Il giorno dell'Ascensione, all'alba, il "cavalier" incaricato dei preparativi cerimoniali stabiliva se il mare era abbastanza calmo per un corteo di barche e in caso affermativo otteneva l'anello cerimoniale (la *vera*) dai funzionari delle Ranson vecchie e annunciava l'inizio della "Sensa". Dopo la celebrazione della messa in San Marco, il doge, gli altri magistrati e gli ambasciatori stranieri si imbarcavano sul Bucintoro, la galea cerimoniale decorata con raffigurazioni della Giustizia e con le insegne della Repubblica. Mentre venivano condotti fuori sulla laguna, il coro della cappella di San Marco cantava mottetti e le campane delle Chiese e dei Monasteri sotto il patronato del Doge cominciavano a suonare. Vicino al convento di S. Elena, il patriarca del Castello sulla sua barca a fondo piatto (*piatto*) ornata di vessilli si univa al corteo delle navi, che di solito comprendeva migliaia di gondole private gaiamente ornate, chiatte noleggiate dalle gilde, barconi dei piloti (*peote*) forniti da compagnie di giovani gentiluomini e galere, il cui equipaggiamento era costituito da Marinai dell'Arsenale. I riti religiosi della *benedictio* avevano luogo sull'imbarcazione del patriarca: due canonici iniziavano con il cantare liriche religiose e il patriarca benediceva le acque e i canonici cantavano un *Oremus*. L'imbarcazione patriarcale poi si accostava al Bucintoro ducale, da cui il primicerio di San Marco intonava per tre volte "Asperges me hyssopo et mundabor". Poi, mentre la sua imbarcazione girava intorno al Bucintoro, il patriarca benediceva il Doge, usando un ramoscello di ulivo come aspersorio. Quando il corteo raggiungeva l'imbocco della laguna dove un'interruzione nel Lido apriva Venezia all'Adriatico, aveva luogo l'effettiva cerimonia dello Sposalizio. A un segnale da parte del Doge, il patriarca vuotava in mare una grossa ampolla (*mastellus*) di acqua santa e il Doge, a sua volta, lasciava cadere in mare il suo anello d'oro dicendo "Desponsamus te Mare, in signum veri perpetique dominii". Dopo la cerimonia dello Sposalizio, il Doge e i suoi ospiti si fermavano a San Nicola al Lido, per pregare e per un banchetto che durava fino a sera, altri ritornavano a festeggiare a casa e le galere dei pellegrini e dei mercanti dirette a Oriente, le prime della stagione compivano il loro viaggio sotto la protezione della benedizione del Vescovo e delle indulgenze plenarie lucrate a San Marco.

Ma i riti e le leggende non terminano neppure nel XX secolo, quando il Nazismo riscopre le forze dell'occultismo. Si dice che von Stauffenberg quando portò la bomba a Rastenburg, al quartier generale di Hitler, portasse al dito l'anello propiziatorio con inciso *Finis initium* il verso di Stephan George. Questi era il grande poeta esoterista che non aveva accettato da Hitler la presidenza della Camera degli scrittori del Reich, la quale fu invece affidata a Alexander von Bernus, che si riteneva l'ultimo alchimista del XX secolo.

Più banalmente, alcune tradizioni popolari italiane legano all'anello nuziale alcune pratiche superstiziose. Porta sfortuna acquistare nello stesso momento l'anello di fidanzamento e le fedi nuziali. È di cattivo augurio mettersi al dito la fede prima della celebrazione del matrimonio. Se durate la cerimonia cade una fede, è segno che i due sposi litigheranno presto. Per scongiurare il cattivo presagio nessuno degli sposi o degli invitati deve chinarsi a raccoglierla, ma l'azione deve essere compiuta dall'officiante della cerimonia. Se l'anello è stato raccolto dagli sposi o dagli invitati, se ne potranno scongiurare gli effetti nefasti soltanto se durante il pranzo si rompe involontariamente una stoviglia. Se la fede nuziale viene persa, per evitare che l'infelicità piombi sulla coppia, essa va riacquistata immediatamente e dovrà essere infilata all'anulare dal partner, come durante il rito nuziale.

Anche i matematici hanno i loro anelli ed essi abitano nel regno della topologia, tra le superfici molteplicemente connesse. Più famoso di tutti è l'anello di Moebius, che può essere espresso come superficie in R^3 avente le seguenti equazioni parametriche (in coordinate cartesiane):

$$x(u,v) = (\tfrac{1}{2} + \tfrac{v}{2}\cos\tfrac{u}{2})\cos(u)$$

$$y(u,v) = (\tfrac{1}{2} + \tfrac{v}{2}\cos\tfrac{u}{2})\sin(u)$$

$$z(u,v) = \tfrac{v}{2}\sin\tfrac{u}{2}$$

dove $\qquad 0 \le u < 2\pi$

$$-1 \le v \le 1.$$

Nel 1950 Armin J. Deutsch, su suggerimento di Isaac Asimov, pubblicò sulla rivista *Astounding* un racconto intitolato *Una Metropolitana chiamata Moebius (A Subway named Möbius)*. Un treno metropolitano di Boston, seguendo un intricato percorso, finisce paradossalmente in una striscia di Möbius, e da essa non riesce più a uscirne. Il racconto è stato traportato nel 1996 sul grande schermo dal regista argentino Gustavo Mosquera R. con il titolo *Moebius*.

L'anello di Moebius è stato anche assunto da alcuni critici, come Enrico Ghezzi, come modello della struttura di alcuni film del regista americano David Lynch. I protagonisti di *Mulholland Drive* e *Lost Highways*, in particolare, durante il corso della pellicola rivivono scene già vissute, ma con i ruoli interscambiati, proprio come se si muovessero sull'unica faccia dell'anello. E questo strano oggetto che ha una sola faccia e un solo orlo, pur avendo un buco in mezzo, diventa lo schema concettuale per il "racconto matematico" di Julio Cortazat che da esso prende il titolo. Un uomo torna a casa e si siede sulla sua poltrona di velluto, appoggia la testa e comincia a leggere un libro che parla di una donna e del suo amante che si accingono a uccidere il marito di lei. La coppia attraversa il parco, entra nella villa e poi nella stanza, dove siede l'uomo che sta leggendo un libro con la testa appoggiata sulla sua poltrona di velluto.

L'anello è parte integrante dell'ancora. Sin dai tempi dei Greci il modello primitivo sembra sia stato formato da un fusto con un solo braccio, come nell'ancoressa (*eteròstomos* o *monòbolos*). In seguito, si applicarono al fusto due bracci simmetrici (*dìstomos* o *amfìbolos*) terminanti con patte triangolari consententi una presa più sicura. All'estremità superiore del fusto veniva sistemato un anello di corda o di metallo per la fune di ritenuta; un altro anello, nella parte opposta, sotto il diamante, serviva per facilitare la manovra di ricupero.

Nell'isola di Bubaque, in Guinea Bissau, quando comincia l'età del cadene, il bambino si mette il *campende*, che è una cordicella a palline da portare sulle anche. La relativa cerimonia si celebra fra i cinque e i sei anni di età. Il suo scopo principale è di ammonire i ragazzi a rispettare e a obbedire ai propri genitori, nonché di ricevere alcuni insegnamenti, come il modo di tagliare la legna, di proteggere le coltivazioni e i raccolti, di cercare con la madre molluschi e frutti. Questa fascia di età dura cinque anni. I ragazzi danzano al suono di un piccolo tamburo, mettendosi un *coporó* o *codongoma*, che è un anello per adornare la caviglia, fatto con noccioli del mango e gusci di vongole.

Nella partita a palla, sport che i Maya chiamavano *pok-ta-pok*, si ripeteva la mitica situazione in cui il settemvirato divino aveva creato ogni cosa, quando cioè le altre sei divinità principali si erano riunite all'Essere Supremo. Questo rito sportivo riproduceva l'istante creativo in cui il mondo ritornava alla sua potenza primigenie e si rigenerava. I sei giocatori rappresentavano la *periferia divina* che si riuniva nel punto in cui *Cuore del Cielo* aveva creato (nel *pok-ta-pok*, il campo da gioco). Ogni giocatore poteva adoperare solo la parte centrale del proprio corpo; la palla non poteva essere toccata con piedi, mani e testa, ma solo con fianchi, ginocchia, pancia, gomiti. Tre dei sei giocatori rappresentavano le potenzialità positive, tre quelle negative. L'incontro tra le due squadre simboleggiava la lotta della vita contro la morte, della fertilità contro la sterilità, del bene contro il male, della luce contro le tenebre, della scienza contro l'ignoranza, della civiltà contro la barbarie. La squadra che rappresentava le forze positive, per rinnovare la vicenda cosmica che garantiva ai Maya la continuità della vita fino alla successiva occasione rituale, e garantire alla Natura la fecondità, doveva vincere la partita. Il declino dei Maya e l'ascesa dei popoli degli altopiani vide l'introduzione di due anelli posti lateralmente, al centro del campo, in cui bisognava far passare la palla. Questi anelli di pietra, dal diametro ridotto, corrispondevano probabilmente alla levata e al tramonto del sole, e il riapparire del sole, riprodotto ritualmente dalla palla che attraversava l'anello, era equiparato alla germinazione del mais, simbolo di vita.

Anello è lo sciame di corpi celesti che ruota intorno al pianeta Saturno, è la zona dello stelo di un fungo che lo separa dal cappello, in chimica è la catena di sei atomi di carbonio che costituisce la base dell'anello benzenico nei composti aromatici. Nello sport gli anelli sono un attrezzo da ginnastica, ma sono anche il simbolo dei cinque continenti, quando diventano "olimpici". Anulare, o meglio toroidale, è la stazione spaziale di *2001 Odissea nello Spazio*, che ricordiamo nel film di Stanley Kubrick.

Pochi ricordano ancora che nel pugilato, o meglio diremmo nella boxe, il campo di gara si chiama *ring*. James Figg, che può essere ricordato come il padre della boxe, visse nella prima metà del XVIII secolo. Il pugile inglese Jack Broughton, allievo di Figg, nel 1743 pubblicò il libro *London Prize Ring Rules*, dove sono contenute le prime regole per la boxe:

1. Un quadrato di una yard di lato sia dipinto al centro del ring e venga ricalcato a ogni caduta di un pugile. Ogni aiutante deve accompagnare il pugile all'interno del quadrato e porlo di fronte all'avversario.
2. Finché entrambi i pugili non sono entrati completamente nel quadrato non sarà permesso a ognuno di colpire l'avversario.

3. Dopo una caduta, qualora i secondi non riescano a riportare il pugile all'interno del quadrato in un tempo massimo di trenta secondi, il pugile sarà dichiarato sconfitto.

4. Nessuna persona è ammessa all'interno dello spazio di gioco, a eccezione dei pugili e dei secondi.

5. Nessuno può essere dichiarato sconfitto fino a che non cada e non riesca a tornare entro la linea nel tempo previsto, oppure un suo secondo dichiari che il suo uomo non è in grado di proseguire l'incontro. I secondi non possono fare domande al pugile avversario o consigliarli di abbandonare la sfida.

6. Alla fine dell'incontro, al vincitore siano consegnati due terzi del montepremi accumulato, che sarà diviso nel ring per evitare qualsiasi rischio di accordo.

7. In ogni incontro i pugili scelgano tra il pubblico due arbitri, che avranno facoltà di prendere qualsiasi decisione su ogni disaccordo. Se i due arbitri non riusciranno a risolvere la controversia verrà scelto un terzo arbitro.

8. Nessuno può colpire il pugile caduto a terra, o afferrarlo per la cosce, il sedere o per ogni parte del corpo sotto la cintura. Un pugile seduto sulle ginocchia è considerato a terra.

Da queste regole originali a cui se ne aggiunsero altre sino a raggiungere il numero di 29 non si capisce bene che cosa fosse il "ring", che in esse non è nominato. Infatti la prima recita così nell'originale:

That a square of a yard be chalked in the middle of the stage

e lascia intendere come al centro dello *stage* (lo spazio di gioco) sia disegnato col gesso uno *square* (un quadrato). Il termine *ring* deriva dal fatto che durante le gare gli spettatori formavano un anello attorno al luogo di gara, e come tale il termine entrò ufficialmente nel titolo del libro di Jack Broughton.

□ □ □
Il bottone

Era un bellissimo pupazzo di neve. Luca e i suoi amici, che l'a-
vevano costruito, avevano pressato bene la neve e lo avevano
modellato a meraviglia. Gli avevano fatto una faccia simpatica,
l'avevano chiamato Gigi e ognuno di loro aveva usato qualcosa di personale per vestirlo. Così, adesso, Gigi indossava una
lunga sciarpa a righe rosse e verdi e un cappello grigio, e
aveva per occhi due grandi bottoni lucidi e neri. Su quegli
occhi neri, Luca gli aveva addirittura infilato un bel paio di
occhiali e gli aveva messo una pipa tra le labbra di buccia d'a-
rancia.

Gigi e Gelo è una fiaba di Silvia Roncaglia, scritta per il grande pubblico di internet (http://chiccoclub.chicco.com). Un semplice pupazzo di neve, che non nasconde i propri sentimenti, si deve con-
frontare con i propri simili.

Anche Gelo era un bel pupazzo. Gelo era stato costruito
accanto a Gigi da un'altra squadra di bambini che, come spesso succede tra bambini, avevano detto a Luca e ai suoi amici:
"Ci scommettiamo che noi facciamo un pupazzo più grande e
più bello del vostro?"
E così avevano costruito Gelo e anche loro, per non essere
da meno, gli avevano messo sciarpa e cappello, pipa ed
occhiali.

Quale ruolo abbiano gli occhi (anzi i bottoni) nell'esternare i sentimenti del corpo a cui appartengono è noto a tutti, e così i bottoni entrano inaspettatamente in questo apologo, oggetti poveri, ma protagonisti di una psicologia fatta di piccole cose.

"Sei uno stupido," gli disse Gelo "se non resti freddo e indifferente, ti scioglierai tutto!" "Tutti i pupazzi di neve, prima o poi, si sciolgono. È il loro destino!" rispose Gigi sorridendo. "Io no, io non mi scioglierò!" dichiarò Gelo con la sua faccia severa. Passò di lì una bambina che piangeva disperatamente perché la sua bambola di pezza aveva perso gli occhi.

"È inutile che guardi i miei occhi di bottone, piccola piagnucolona", disse sgarbatamente Gelo "non ti permetterò di toccarli!"

"Ehi, piccola", intervenne allora Gigi, che si sentiva già sciogliere alla vista di tutte quelle lacrime, "se vuoi, puoi prendere i miei occhi-bottone e metterli alla tua bambola!"

La bambina, felice, li prese e baciò tutte due le guance gelate di Gigi. E anche quei baci lo sciolsero ancora un poco, mentre Gelo faceva la faccia cattiva e borbottava: "Io no, io non mi scioglierò!"

Bottone è una parola relativamente giovane: non l'avevano i romani che usavano le *fibulae*, specie di grosse spille da balia per appuntare le proprie vesti e i propri mantelli, oppure le *lunulae*, spille a forma di luna. Ma erano oggetti di lusso e i più fissavano i propri indumenti con lacci e cinture. Il bottone arriva in Europa verso il dodicesimo secolo, si pensa attraverso civiltà araba e orientale, al tempo delle crociate. Innegabili sono le origini etimologiche derivanti dal latino medioevale, poiché veniva chiamato a seconda della zona *botonorum* (Venezia), *boctonus auri* (Roma) e *botonis rotondis* (Modena). Mentre nel latino classico bottone veniva indicato *globulus*. Bottone è parola che deriva dal tardo latino *botonus* che è affine alle voci *botones* e *botontini*, che sono cumuli di terra e che si collegano al francese *butte*, monticello. *Bouton* è il germoglio, una cosa che si spinge in fuori e che deriva da una radice germanica e celtica *bot-*, *but-*. Nell'olandese *bot* è una cosa rotonda, ottusa e nell'antico tedesco esiste parallelamente la voce *bütr*, mentre nel tedesco medievale *butze* è il mucchio, donde in nostro "botte", oggetto tondeggiante. In inglese *bud* è il bocciolo e dal francese *bouter*, buttare fuori, sbocciare, deriva anche il piemontese *büt*, germoglio: il bottone invece è *button*. In tedesco il bottone è *knopf*, che proviene dalla radice germanica *knuppa-* la quale si riferisce a una massa agglomerata e rotondeggiante.

Leggiamo sul *Dizionario Universale Critico Enciclopedico della Lingua Italiana* dell'Abate D'Alberti di Villanuova (Lucca 1797):

BOTTONE, s.m. Globulus, Fibula. Piccola pallottolina di diverse fogge, e materie che s'applica a' vestimenti per affibbiarsi. V. Anima, Fondello, Cappello, Picciuolo, Ucchiello, Abbottonare, Affibbiare, Sbottonare. *Bottone a cece, a giuggiola, a oliva. Bottone di filo, di pel di capra, di crine, di seta, bavella ecc., d'oro, d'argento, dorato ecc.*

§. Bottone, chiamano i Medici per similitudine un piccolo rinvolto, dentrovi checchessia, per uso di loro arte.

§. Bottone di fuoco, chiamano i Chirurghi uno strumento di ferro che ha in cima una pallottola a guisa di bottone, di cui infocato si servono per incendere. *Bottone olivare.*

§. Bottone è anche il nome che si dà a uno Strumento chirurgico, a uso spezialmente della litotomia.

§. Bottone dicesi per metafora quel parlar coperto, il quale con acuto motto punge altri. Rimprovero, tocco di biasimo, alludendosi al bottone di fuoco, che punge, scotta, incende.

§. In questo significato Dare, o Gittare e simili un bottone, vale Sbottoneggiare, che anche si dice Affibiar bottoni senza ucchielli; appiccat sonagli.

§. Bottone, per la boccia d'alcuni fiori, come di rose, e simili. *Bottoni di rose.*

§. Bottone è anche quella pallottolina di cristallo, o smalto appiccata a un cannellino, per riconoscere i gradi del caldo, e del freddo, e per altre diverse operazioni.

§. Bottone. Sorta d'imboccatura della briglia del cavallo.

§. Bottone di straglio. Marinaresco. V. Straglio.

§. Bottone de' Saggiatori. Quella particella d'oro o d'argento che rimane nella coppella per farne saggio.

§. Diconsi anche Bottoni alcuni vasetti di vetro, d'avorio, o simile, dove si mettono liquori preziosi in piccola quantità. *Vi troverà dentro una cassettina di manteche, con due bottoni di olio di cedro.* Red. Lett.

§. Bottone, in generale dicesi dagli Artefici a qualsivoglia parte di strumento, o di alcuno de' loro lavori, che abbia qualche similitudine co' bottoni da affiare, o per l'uso; e da questo deriva la voce Bottoniera. *Nodo o bottone dorato, che è sotto la palla, e la croce della pergamena. Vasar. Bottone di un coltello. Bottone di figura ovale.* V. Favetta, Uliva. *Bottoni da trapano per accecare quadri, tondi, triangolari.* Questi più propriamente diconsi Nespole.

§. Bottone da camicciuola. Termine conchiliologico. Spezie di Turbine. *Gab. Fis.*

§. Bottone chinese. *Trochus niloticus.* Spezie di Troco. *Gab. Fis.*

Ma esistono anche altre storie di nomi.

> *Bruce* è un nome di cane in Inghilterra (non in Australia), ed era anche il cognome dei nostri cugini scozzesi. L'etimologia di *Chatwin* è oscura, ma lo zio Robin, suonatore di fagotto, sosteneva che in anglosassone *chette-wynde* voleva dire "sentiero tortuoso". Il nostro ramo della famiglia risale a un fabbricante di bottoni di Birmingham, ma in un angolo remoto dello Utah esiste una dinastia di Chatwin mormoni, e di recente ho avuto notizia di un signor Chatwin e signora, trapezisti.
>
> Quando mia madre sposandosi entrò nella famiglia, i Chatwin appartenevano alla "buona borghesia di Birmingham", erano cioè professionisti, architetti e avvocati, che non si occupavano di commercio. Sparsi tra i miei progenitori e parenti c'erano tuttavia non pochi personaggi leggendari, le cui storie m'infiammavano l'immaginazione…

Così inizia l'*Anatomia dell'irrequietezza* di Bruce Chatwin: la magia che lega i nomi alle cose ancora una volta dimostra che anche un bottone può unire per strane connessioni mondi e sentimenti che altrimenti sembrerebbero senza legame alcuno. Le *liaison* di un bottone si allungano.

Bettone o Bottone è il nome di una nobile famiglia messinese, il cui stemma è inquartato d'argento e di rosso, a quattro rose dell'uno e dell'altro. Di questa casata, nella *Mastra Nobile* del Mollica, si trovano un Masi (Tommaso) Buttuni (1591), un Gilormu (Girolamo) Buttuni (1597 e 1601), un Giuseppe (1602), che fu giudice straticoziale di detta città nell'anno 1600-601; un Vincenzo tra i rimasti in berretta (1605), che fu senatore negli anni 1595-96 e 1607-8; un messer Pietro Paolo (1607-10), che fu giudice straticoziale di Messina. Un altro Vincenzo senatore di Messina nell'anno 1677-78 e un Antonino, che tenne la stessa carica negli anni '50-'70 del XVII secolo furono confrati dell'arciconfraternita della Pace e Bianchi di detta città; un Andrea fu governatore della Tavola Pecuniaria nell'anno 1672-73.

Nella *Chanson de Roland* troviamo una delle prime citazioni letterarie del bottone. Si afferma infatti che i "consiels d'orgueil ne vaut nie un boton"[i consigli dettati dall'orgoglio non valgono nemmeno un bottone]. E che dire del dialogo serrato

– Malerba?
– Presente!
– Qui ci manca un bottone, dov'è?
– Io non so, caporale.

che appare nel racconto intitolato appunto *Malerba* di Giovanni Verga?

Cronologicamente la comparsa del bottone è fatta risalire al 1100, ma il bottone, o almeno un suo parente stretto, si trova come elemento decorativo nella civiltà etrusca e nell'oreficeria dei nomadi asiatici del VII e VIII secolo. L'uso in Francia è accertato verso il 1200 a opera di artigiani gioiellieri. La produzione intensiva di questo piccolo oggetto si colloca però solo tra la fine del 1600 e l'inizio del 1700 a Birmingham , che divenne ben presto un centro di importanza mondiale per la produzione di bottoni di metallo.

Il *Dizionario delle arti e dei mestieri* compilato da Francesco Griselini (Venezia, 1768) nel terzo volume, dopo aver parlato del bottaio, presenta i fabbricanti di bottoni. Ne esistono tre categorie: i "fabbricatori di modelli o di anime di legno", i "bottonaj in metallo" e infine i "bottonai passamanieri":

Il lavoro dell'anime di bottone è una piccola arte, ed in cui convien fare molto lavoro, per conseguire un mediocrissimo guadagno. L'anime di bottone sono ordinariamente di legno di Quercia. Bisogna avere dei pezzi di questo legno di sei o sette pollici in quadrato. Si prendono questi pezzi, ed adattatone uno dopo l'altro fra le mascelle di una spezie di morsa di legno vengono divisi in fette, segate per traverso, della grossezza di 4, 5, 6, 7 linee. Queste fette passano nelle mani di un altro operaio seduto sopra una spezie di picciola scanna, con una gamba di qua e con una gamba di là, ed avendo dinanzi a lui il ferro foratore, montato sopra un rocchetto, e posato colle sue due estremità sopra due appoggi, che servono da pilastri. Una corda passa sul detto rocchetto, e va a rendersi sopra una gran ruota; due operaj o tornitori fanno muovere la ruota, e per conseguenza il rocchetto e il ferro foratore, che lo attraversa, e gli serve da asse. Il ferro foratore è composto di due parti, cioè d'un manico, e d'un ferro. Il corpo del manico null'ha di particolare, se non che sopra d'esso può ruotolarsi una corda. La testa o parte sua superiore è fatta di due piccioli arpioni separati da una fessura, le cui faccie sono inclinate l'una verso l'altra; di modo che l'apertura di essa fessura è più stretta a basso che in alto: il ferro ha la medesima inclinazione, colla qual'egli s'inserisce, si applica, e si fissa fra le faccie degli arpioni. L'estremità del ferro viene terminata da cinque punte: quella di mezzo è più lunga, e serve a forare l'anima di bottone nel centro. Le due parti vicine a quella di mezzo segnabo esse anime nella superfizie e le due delle estremità, formano gli orli dell'anima stessa, e la levano dalla fetta di legno. Tutte queste punte che sono anche taglienti nei loro orli, e che formano la concavità di un arco di circolo sopra il ferro, non possono girare sopra se medesime, senza dare al pezzo di legno, che loro applicasi, una figura convessa.

A questo punto bisognerebbe guardare le tavole che corredavano la descrizione nel *Dizionario*, ma non sarebbe nelle finalità di questo libro, che deve solo fornire spunti per tracciare le mappe cognitive intorno a cose semplici e banali, in modo da illustrarne al meglio la "diversità". Il Griselini così continua a descrivere i "Bottonai in metallo", spiegando che

i bottoni in argento, in oro, in rame, in marchessita ecc. altra cosa non sono che delle laminette sottili e rotonde di questi stessi metalli, cui si dà la forma di bottoni col mezzo dello stampo.

Vi sono naturalmente anche bottoni fatti di altri materiali come pietre dure, avorio oppure osso, mentre

tutte le varie spezie dei bottoni di materie filate sono schietti, o lavorati. [...] Il bottone lavorato è quello sopra il quale si eseguiscono dei disegni in refe, in pelo, in seta, in oro, o in argento, e questi disegni variano oltre quanto può immaginarsi.

E poi ci sono i "bottoni a mandorla", i "bottoni a bracchetta", quelli "a cul di dado", i "bottoni d'oro liscio" e quelli "d'oro lavorato", i bottoni "a spicca", "a guardia di spada", "a chiocciola", "con pelo e seta uniti".

Materia tipica per fare i bottoni, prima dell'avvento delle materie plastiche è il corozo. Con questo termine vengono comunemente indicati i semi di alcune palme dell'America tropicale. Questi semi, hanno le dimensioni e la forma di un uovo, e spellati e fatti seccare forniscono una materia biancastra di grandissima compattezza: per questo il corozo è chiamato "avorio vegetale". Inizialmente il corozo, per il suo elevato peso specifico, era usato come zavorra sui velieri. Quando qualcuno ad Amburgo si rese conto che questo materiale poteva essere usato invece di essere scaricato in mare, nacque la moderna industria dei bottoni. Prodotti inizialmente in Germania e quindi in Austria, si incominciò a fabbricare bottoni di corozo in Italia solo nel 1870 a Piacenza nell'impresa di Vincenzo Rovera, che dopo pochi anni si associò a Luigi Ponti. La Rovera-Ponti et C. ricevette un premio all'Esposizione mondiale di Philadelphia del 1876, ma fu costretta a chiudere nel 1885. L'industria dei bottoni fu allora assunta dalla Ditta Mauri Agazzi & C. con stabilimenti a

136

Storie di cose semplici

Palazzolo sull'Oglio, a Ponte Dell'Olio e a Piacenza. Sul rapporto che descrive *Le condizioni industriali della provincia di Piacenza* del 1894 si legge:

> La ditta Mauri Agazzi & C. possiede nel comune di Piacenza una importantissima fabbrica di bottoni del cosi detto corozo o avorio vegetale, conosciuti in commercio con il nome di Bottoni di frutto (proveniente dall'America Centrale). La stessa ditta possiede nel comune di Ponte Dell'Olio una succursale della fabbrica di Piacenza. Queste due fabbriche dispongono insieme di 49 torni, 6 foratrici, 25 seghe, 50 tamburi per la pulitura di bottoni.

In seguito altre fabbriche si aggiungono a quelle esistenti per un mercato destinato a crescere, sempre nel Piacentino. Nel 1906 nasce la Società Anonima Industria Bottoni e la famiglia Corvi sempre più detiene il controllo del settore. In un documento del 1911 si legge:

> Tre sono le fabbriche di bottoni funzionanti in città (Piacenza). Una tintoria è stata aperta in Castelsangiovanni e una succursale della ditta Rossini funziona a Ponte Dell'Olio e vengono occupati circa 1000 operai. Lavorano solo bottoni di frutto che vengono esportati in Inghilterra, Austria, Russia, Svezia, Norvegia, Romania, Belgio, Grecia, America del Nord e del Sud.

Il distretto di Piacenza continuò a lungo a rimanere il più attivo nel settore, ma anche l'era del corozo era destinata a terminare. Verso la metà degli anni '50, con il boom economico esplose anche l'industria della camiceria e sorse l'esigenza di poter avere nuovi bottoni resistenti anche ai lavaggi a secco. Così i materiali naturali rapidamente furono sostituiti dalle resine poliesteri. Anche il baricentro produttivo si spostò dalla provincia di Piacenza a quella di Bergamo, dove nel 1997 era concentrato circa il 60% della produzione nazionale.

Nel territorio compreso tra la Valle Calepio e la Media Valle dell'Oglio, area a cavallo delle province di Bergamo e Brescia, si è sviluppato nel tempo un importante distretto produttivo, specializzato nel settore dei bottoni. Questo comparto ha da sempre costituito una realtà economica tra le più significative dell'area. I dati relativi agli addetti al 1996 nei nove comuni a più alta concentrazione di aziende del settore dei bottoni: Grumello del Monte, Castelli Calepio, Chiuduno, Bolgare, Palosco, Palazzolo sull'Oglio, Pontoglio, Erbusco, Telgate sono estremamente significativi.

La storia del bottone è ricca di spunti curiosi. Nel XIV secolo a Lucca erano vietati i mantelli che avevano più di sei bottoni e nel 1396 a Milano un editto vietò l'uso di bottoni d'oro per coloro che non fossero cavalieri o dottori in legge o medicina. Nel '400 il bottone fu preso di mira dalle *Leggi Suntuarie*, che regolavano il lusso dell'abbigliamento cittadino onde evitare inutili e immorali sfarzi. Una di queste regole, emanata a Firenze nel 1415, affermava:

La donna non possa, ardisca e presuma portare più argento che una libbra d'imbottonatura.

Il papa Clemente VII (1478-1534) si fece fabbricare i bottoni da Benvenuto Cellini, e nel 1670, in Inghilterra, apparvero invece i primi bottoni da camicia maschile in oro e argento, il cui numero indicava lo *status* sociale del proprietario.

Nel XIX secolo, sui bottoni delle divise militari era impresso il numero della compagnia o del reggimento di appartenenza. Alla fine della campagna d'Egitto (1798), l'armata napoleonica rimase senza bottoni perchè i soldati li usarono come denaro, facendo credere agli egiziani che fossero monete.

Recentemente Le Couteur Penny e Burreson Jay hanno pubblicato un libro intitolato *I bottoni di Napoleone. Come 17 molecole hanno cambiato la storia* (Longanesi, Milano 2007), in cui si spiegano alcuni fenomeni chimici che ebbero grande impatto sulla storia. Nel giugno del 1812 l'esercito napoleonico intraprese la campagna di Russia, ma fu fermato da un inverno rigidissimo: dei 600.000 uomini che erano partiti ne ritornarono meno di 10.000. Tra i guai causati dal gelo vi fu anche lo sbriciolarsi dei bottoni che erano fabbricati di una lega di stagno che alle basse temperature muta la propria struttura cristallina, riducendosi in polvere.

Nel 1857 viene fatta un'inchiesta sulle professioni dei cittadini di Settimo Torinese: su 3803 uomini in età da lavoro troviamo 1253 contadini, 122 servi e ben 17 fabbricanti di bottoni, la metà dei sarti ed esattamente tanti quanti erano i minutieri. In quel paese c'era solo un avvocato, un barbiere e due maestri... Nicola, nella famosa commedia di Eduardo De Filippo, *Natale in casa Cupiello (1931)*, è un fabbricante di bottoni, un buon partito. Negli *Atti criminali formali* del *Vicariato* di Torino (1814-1816) al n. 155 (verbale del 6 aprile 1815) si riferisce di un "certo Bosco fabbricante di bottoni" che si trova a essere testimone di un presunto furto, mentre attende con un suo amico che verso le tre e mezza del pomeriggio l'osteria di San Pietro apra i propri battenti.

Durante la guerra di secessione statunitense (1861-1865) sia i nordisti sia i sudditi indossavano divise con alcuni bottoni cuciti sulla schiena. Si dice che così i soldati non dormivano troppo profondamente ed evitavano di russare. E altri raccontano che la Regina d'Inghilterra aveva fatto cucire bottoni sulle maniche delle divise militari per evitare che i soldati si pulissero il naso con la manica.

Lorenzo Taglioni fu un fabbricante di bottoni metallici a Napoli, nella prima metà dell'800. Il suo nome va ricordato in quanto nel 1829 progettò l'esecuzione di 120 medaglie dedicate a uomini illustri di Napoli e di Sicilia. Della serie prevista furono però realizzati solo 18 pezzi, a opera degli incisori Vincenzo Catenacci e Luigi Arnaud.

Come i bottoni si leghino alle medaglie si può spiegare perché entrambi questi oggetti richiedono per la loro fabbricazione delle pesanti presse da conio a bilanciere. Al 1836 risale la prima medaglia coniata dallo Stabilimento Stefano Johnson di Milano, fondato da Giacomo, d'origine inglese, produttore all'inizio di bottoni e stemmi.

E leggiamo sul *Dizionario storico della Svizzera* che Hans Wilhelm Harder (1810-1872), cittadino di Sciaffusa, figlio di Johann Christoph, fabbricante di bottoni, abbandonato prematuramente il liceo, svolse un apprendistato come fabbricante di bottoni presso suo padre. Nel 1834 fu eletto a sorte usciere del municipio. Dal 1848 al 1872 fu direttore della prigione di Sciaffusa e si dedicò alla raccolta di documenti e antichità, alla conservazione di monumenti architettonici e allo studio della storia nazionale. Co-fondatore della *Società Cantonale di Storia*, immortalò l'antica Sciaffusa in 245 stampe.

Con il secolo XX le nuove tecnologie dei materiali cambiano gli scenari: celluloide, bakelite e resine fenoliche offrono nuove potenzialità anche per i nostri piccoli oggetti rotondi. Franz Schmitt scrive un *Manuel du Fabricant de Boutons et Peignes, Articles en Celluloïd et en Galalithe* (J.B. Baillière et Fils, Parigi 1923), che segna i primi passi dell'ingresso di nuovi materiali: incomincia l'era delle materie plastiche.

Lusso e quotidianità si intricano di nuove esperienze. Famosi sono i bottoni intrecciati con fili di seta colorata, oro e argento prodotti da Paul Poiret (1879-1944), lo stilista parigino che liberò le donne dall'uso del busto. Ma non bisogna dimenticare che lo stilista d'alta moda Fratti, negli anni '40, fabbricava bottoni con il midollo delle pannocchie di granoturco. Dopo la guerra si utilizzarono tutti i materiali disponibili e il Bottonificio Loris di Bologna utilizzò molti materiali ricavati dal *surplus* bellico.

I bottoni delle divise militari raccontano storie e segnano i resti sui campi di battaglia, anche dopo lungo tempo. "Plain eagle, convex front" è la descrizione del bottone del *General Service* utilizzato da tutti i soldati reclutati nell'esercito degli Stati Uniti dal 1855 al 1902. Nei primi trent'anni i bottoni si distinguono per uno scudo ampio e piatto, che si appoggia al petto dell'aquila, le cui ali sono strette e lunghe. L'occhiello era saldato sul retro e sul retro c'era pure l'indicazione del fabbricante. J.H. Wilson di Philadelphia li produsse dal 1873 al 1904.

Il dottor Gerald Burrows giocherellava con un bottone della giacca e guardava fisso il paziente che aveva di fronte, un uomo appena più giovane di lui che, nel raccontare un episodio di pesca della sua infanzia, al fianco di un padre recalcitrante, stava tranquillamente facendo a brandelli il fazzoletto di carta che teneva in mano. [...] Nella migliore delle ipotesi, pensava, ancora giocherellando con il bottone della giacca, quello che poteva offrire loro era un rifugio dai giudizi, un momento di raccoglimento, di riposo. E tutto questo, era incapace di trovarlo per sé.

Così incomincia il capitolo 10 del romanzo *Amy e Isabelle* di Elizabeth Strout. Il bottone è una cosa banale, ma diventa il baricentro dei nostri pensieri, più frequentemente di quanto non lo possiamo pensare.

Il bottone, al tramonto, raccoglie le ultime luci sulla sua superficie liscia ma non può trattenerle dallo scorrere, giù per la lieve convessità, verso il bordo rilevato dove un'ala d'ombra sta in attesa, pronta a inghiottirle. I riflessi luccicanti che nelle ore del giorno hanno cullato il bottone nell'illusione d'essere specchio e di poter accogliere nella sua imperturbabile circonferenza l'immagine tumultuosa del mondo, alla sera si smorzano e restituiscono il disco alla sua solidità opaca. È l'ora in cui una ritrovata certezza potrebbe ripagare il bottone della perdita di splendori fluttuanti e ingannevoli: se non potrà essere mondo, sarà bottone, come è sempre stato ed è, modellato in un eterno presente. Ma già un'altra ambizione lo prende: quella di sfoggiare le striature della sostanza cornea e la traccia impercettibile lasciata dal ruotare del tornio: le prove insomma della nobiltà di chi ha avuto per madre la natura vivente e non lo stampo della plastica sorda e inanimata. Per scorgere questi dettagli, c'è un momento in cui la luce non si riflette più sul disco ma è diffusa ancora nell'aria del crepuscolo. Ecco, forse adesso. No: troppo tardi! Cala il buio.

Sono parole che Italo Calvino scrisse sulla Rivista *FMR* (n. 13, maggio 1983) per celebrare i quadri minimalisti di Domenico Gnoli: *La scarpa da donna*, *La camicia da uomo*, *Il guanciale* e appunto *Il bottone*. Con un titolo emblematico *Still-life*, gli *studi* di Calvino si ispirano alle Muse *gnoliane* della Dilatazione e dell'Esattezza e per molti aspetti anticipano i temi delle *Lezioni americane*.

I pertugi della natura – caverne nella roccia, crateri di vulcani, orifizi del corpo umano – conservano il mistero di vie che s'aprono sulle forze oscure dell'essere. Non così i fori del bottone: netti, regolari, simmetrici, centrali, essi rappresentano la ragione – nelle sue accezioni più usuali: ragione pratica, ragione sufficiente – e fanno del bottone un bottone, ne condizionano funzione ed essenza. Il filo che in essi scorre dovrebbe partecipare della stessa univocità e assolutezza; invece il contrasto tra il suo modo d'essere e quello del bottone è irriducibile. In mezzo alla distesa levigata, priva della minima increspatura, si leva un doppio ponte di fibre, che a uno sguardo ravvicinato si rivelano filamentose e bioccolute: lacci che si stringono alle pareti esatte dei fori con l'accanimento malleabile delle liane nella giungla e delle spire dei serpenti. Nel cuore del bottone impassibile s'annida un'anima flessuosa e intrigante, capace di disporsi in due parentesi simmetriche e uniformi nel tratto del suo percorso allo scoperto, ma anche di nascondere nell'interstizio tra bottone e stoffa un groviglio attorcigliato e bitorzoluto. Ed è su questo tronco-viluppo ritorto e convulso che il bottone regge la sua serenità imperterrita. Tra le cose del mondo i legami più saldi si fondano sull'eterogeneità, purché essa garantisca l'elasticità necessaria a una connessione mobile e articolata: così la gomena tra la nave e il molo, così il filo tra il bottone e la stoffa. Se il centro del bottone custodisce gli organi più essenziali alla funzione dell'allaccio, insieme esatti come ingranaggi e reattivi come visceri, la circonferenza può permettersi un segno di lusso ornamentale, sia pur austero, quale il bordo rilevato. Questa rifinitura non è priva di significato: giustamente sottolinea una proprietà decisiva dell'oggetto: la misura dei suoi confini. Infatti, un bottone d'estensione illimitata non servirebbe ad abbottonare perché non entrerebbe in alcun occhiello, così come un bottone di superficie nulla o scarsa non potrebbe esercitare alcuna presa; dunque esiste una norma aurea, il giusto calibro che il rilievo del bordo incorona, a ricordare che il mondo è una rete di corrispondenze, dove non c'è cosa fine a se stessa e ogni bottone presuppone un occhiello e viceversa. Valicati i bordi, si ritorna verso il centro percorrendo la faccia inferiore del bottone, che è svasata, come d'un piatto o scodella. Per studiarne le proprietà, si consiglia d'attendere il sorgere della luna: bottone e satellite brilleranno entrambi di luce riflessa sulle facce che reciprocamente si fronteggiano, mentre le facce nascoste resteranno fasciate d'ombra, ma con questa differenza: mentre il rovescio della luna s'affaccia su vuoti abissi di lontananza, il rovescio del bottone schiaccia la propria ombra sui campi di stoffa, da cui solo lo separa un peduncolo di filo più corto d'un gambo di fungo, o addirittura aderisce alle labbra dell'occhiello nel lungo bacio dell'abbottonamento, e accetta la carezza vellicante del tessuto.

Ma sono i contesti a meglio definire l'oggetto, ancorché minuto e apparentemente insignificante, perché sempre sui confini, anche se restano indefiniti, o *fuzzy* come oggi amerebbero definirli gli scienziati, si trovano le peculiarità più interessanti, sulle frontiere si trasmettono le sensazioni più importanti. E poi bisogna evocare tutti i sensi, anche l'odorato.

I rapporti tra il bottone e la distesa morbida di stoffa in cui affonda le sue radici filiformi – prato erboso se è lana, o fitta stuoia di fibra sintetica – non sono definibili con certezza, come sempre accade tra entità inconciliabili. Insensibile al caldo, al freddo, al secco, all'umido, il bottone può ben farsi forte del suo temperamento stabile, ma non di rado la ricchezza di reazioni della stoffa, il suo fiorire e il suo patire, la sua partecipazione ai climi e alle intemperie, gli paiono aspetti degni d'invidia, o gli suscitano uno struggente desiderio. Insofferenza reciproca e complementarità amorosa s'alternano e si mescolano, come in tutte le lunghe convivenze. L'autunno è la stagione in cui questi sentimenti toccano l'acme: dalla stoffa che assorbe l'umidità dell'aria, esala una nebbia pungente; il bottone non si stanca d'aspirarla spalancando le sue tonde narici.

Sui monumenti del Poitou, che risalgono prevalentemente al XII secolo, si incontrano spesso elementi decorativi che dagli architetti sono definiti "bottoni" (*bouton*), in quanto hanno la forma di un bocciolo di fiore. Così riferisce Viollet-Le-Duc nella sua *Enciclopedia Medievale*. I rosoni che si aprivano sulla facciata della cattedrale di Parigi prima della realizzazione delle grandi finestrature del XIII secolo erano decorate da *boutons* dalla forma mammillare con un foro al centro.

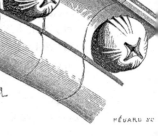

Le ricche arcate della grande galleria che cinge le torri della medesima cattedrale presentano parimenti delle decorazioni a bottoni trilobati che donano alla struttura un bell'effetto di luci ed ombre.

Questi elementi, ricorda sempre il Viollet-Le-Duc, scompariranno del tutto a partire dal secolo XIII.

"Bottone" si chiama anche in architettura il pomo di ferro o di bronzo che serve per aprire e per chiudere i portoni e che presto si adorneranno di rilievi floreali e di anelli. Anche in questo caso il legame etimologico del manufatto con la sua forma rimane evidente e segna la storia di questa parola ben prima della diffusione del bottone, come lo intendiamo oggi.

La guerra dei bottoni (*La guerre des boutons*) è un film di Yves Robert realizzato in Francia nel 1961, con Michel Galabru, Paul Granchet, Claude Confortes e Jacques Dufilho. Tratto dall'omonimo romanzo di Louis Pergaud, morto a soli 33 anni sul campo di battaglia nel 1914, narra di una guerra che si combatte tra i ragazzi di due paesi nella campagna francese. I ragazzi fatti prigionieri dalla fazione nemica sono privati della loro dignità che si materializza nei bottoni dei loro vestiti, che sono selvaggiamente e inesorabilmente strappati dai loro avversari.

E, sempre per rimanere nel mondo dei ragazzi, c'è anche *Jim Bottone*, il protagonista di una fiaba di Michael Ende, l'autore di *Momo* e di *La Storia infinita*. Ma qui il bottone è solo un nome, perché si tratta di un simpatico bambino di colore che assieme a Luca, il macchinista di una buffa locomotiva a vapore di nome Emma, è costretto ad abbandonare la piccolissima isola di Dormolandia, e parte alla ricerca di un nuovo paese dove vivere.

Quanto al bottone del titolo di un importante saggio di Serena Vitale, potrebbe trattarsi di quello mancante dalla dotazione della marsina del poeta, come un particolare osceno mal dissimulato, in un momento di tensione nei rapporti di Puškin con la moglie; oppure, e qui emerge la studiosa,

… non assomiglia forse, quel bottone assente all'accento tonico che all'improvviso spicca il volo dal giambo e svanisce nel nulla ridendosela dell'etichetta prosodica, emancipando il verso dall'ossequio servile al metro, rendendolo sempre nuovo, mobile, cangiante, imprevedibile, capriccioso,

BOUTONS

AU-DELÀ DE L'UTILE

infinitamente elegante e libero? Ricorda Serena Vitale una frase che filologicamente cita in russo *My usé ucílis' ponemnógu* [noi tutti abbiamo imparato a poco a poco...]

Noi lettori un po' meno raffinati ci accontentiamo di concentrarci sul bottone "sospetto" nell'uniforme di d'Anthès, che avrebbe deviato il colpo che il poeta esplose dopo essere stato già ferito, che concesse al giovane cavaliere un'opportunità a cui forse non aveva diritto.

Alcuni hanno definito il bottone come "qualcosa che sta al limite tra realtà e fantasia", altri la "chiave che apre e chiude anche i ricordi". Un bottone slacciato rappresenta un'intimità raggiunta, un bottone chiuso può essere un ostacolo insormontabile.

Nel 2005 i *Chemical Brothers* cantano *Push The Button*, ma sui bottoni che si devono premere e schiacciare minore è l'interesse: e così si ritorna al classico bottone e all'asola che lo aspetta. Nello stesso anno Mina riappare con un nuovo album, *Bula bula*, e canta di quel piccolo oggetto in *La fretta nel vestito* dove, come era capitato a Puškin, un bottone può essere un indizio compromettente:

> Bottone si, bottone no
> un giorno o l'altro mi tradirò
> e quei segnali addosso a me
> che ora ti svelano tutti i perché
> la spilla messa male ed impigliata nel foulard
> significa qualcosa che non riesci a indovinare [...]

Può accadere che

> ti avvicini allo specchio
> sfili via la gonna
> mica male le gambe
> sembri già una donna
> un bottone e poi un altro
> e la camicia... e voilà
> vola sopra il comò...

Questa è la *Ragazza di campagna* di Claudio Baglioni, ma è Giorgio Gaber che ci riporta nella sua *Evasione* a una quotidianità dove anche un bottone assume un significato esistenziale:

Sono stanco, non mi sento mai bene, tutte le mattine è sempre così, raccolgo la mia roba, piano, i soliti gesti…
Le pieghe irregolari del colletto
lasciano ombre disegnate e nitide
la cravatta un po' sgualcita e logora […]
La bocca impastata e grigia
non ho voglia di niente neanche di mangiare
una mano si muove piano
con gesto normale, abituale
un bottone, un bottone si sta per staccare…

Loredana Berté invece in *Tv Color* sogna "una lunga fila di bottoni", che non si infilano nelle asole, ma si premono su tastiere e consolle:

Una lunga fila di bottoni
la porta su mondi lontani
ma non stava nei segreti della tecnica
Un prolungamento quasi umano
già più veloce di un aeroplano
Proiezione del pensiero dentro al video
Ogni volta che tornate a casa stanchi
la vostra donna ha
già i capelli bianchi
Premere un bottone
cosa facile
Vi porta in un'altra dimensione
un altro senso di locomozione
Vi accompagna nei sentieri dell'immagine
È un momento in cui
non gira la fortuna
Non è più tempo di eroi
Non ne fanno più!
TV è informazione
è un modo per non muoversi mai più
TV è la faccia nuova
della vecchia situazione
la scelta limitata alla pressione su un bottone
TV è già futuro

è l'uomo proiettato un po' più in là
TV è la chiave giusta
per mirare più lontano
il senso della vita
sprofondati sul divano
TV color

E per concludere, ritornando al bottone "classico", non poteva mancare lo scherzo di un *limerick* di Giampiero Orselli scovato nel grande suk di Internet:

Un fabbricante di bottoni a Campo
andava in fallimento senza scampo.
"Io odio il futuro!"
Esclamava sicuro:
"E non sopporto le cerniere a lampo".

Nel dialetto napoletano, si dice *omme 'e ciappa*, letteralmente "uomo di bottone" per indicare un uomo di lignaggio, e l'uso viene dai tempi della Repubblica Napoletana, quando i bottoni erano segno di distinzione sociale.

Essere presente nella stanza dei bottoni, significa avere capacità di controllare la situazione, in una stanza dove non bisogna però mai essere tentati a schiacciare il *panic button* quel tasto rosso che la normativa indica come tasto di emergenza e che blocca il sistema. Se invece si *attacca bottone con qualcuno* allora il dialogo non sarà certamente breve e sbrigativo.

La sfera

Un trottolino e una palla stavano in un cassetto insieme a altri giocattoli e il trottolino propose alla palla "Perché non ci fidanziamo, dato che siamo insieme nel cassetto?", ma la palla che era fatta di marocchino e si credeva una signorina per bene non volle neppure rispondere.

Il giorno dopo venne il bambino che possedeva quei giocattoli, prese il trottolino, lo dipinse di rosso e giallo e vi piantò nel mezzo un chiodo di ottone; ci stava proprio bene soprattutto quando girava. "Mi guardi!" disse il trottolino alla palla. "Che cosa ne dice adesso? non possiamo fidanzarci? Stiamo proprio bene insieme, lei salta e io danzo! nessuno potrebbe essere più felice di noi.""Lei crede?" rispose la palla. "Forse non sa che mio padre e mia madre sono state pantofole di marocchino, e che io ho una valvola in vita!". "Va bene, ma io sono in legno di mogano!" replicò il trottolino "e mi ha tornito il sindaco del paese personalmente: possiede un tornio e si è divertito moltissimo!""Devo crederle?" chiese la palla. "Che io non venga più fatto rotolare, se dico una bugia!" esclamò il trottolino. "Lei parla bene" concluse la palla, "ma io non posso accettare sono quasi fidanzata con un rondone! Ogni volta che sono per aria, si affaccia dal nido e mi dice: «Accetta? accetta?» e ora ho gia detto di sì dentro di me, e questo è quasi un fidanzamento! Ma le prometto che non la dimenticherò mai!""Che bella consolazione!" commentò il trottolino, e da allora non si parlarono più.

Il giorno dopo la palla venne tolta dal cassetto, il trottolino vide come veniva lanciata in alto, sembrava un uccello; alla fine non la si scorgeva più; ma ogni volta ritornava indietro, e poi quando toccava terra spiccava un altro gran salto, e questo a causa della nostalgia o della valvola che aveva in vita. Al nono salto la palla sparì e non tornò più indietro; il bambino la cercò a lungo, ma non la trovo più. "Io so dove è finita!" sospirò il trottolino. "Si trova nel nido del rondone e si è sposata con lui." Più pensava alla palla, più il trottolino se ne innamorava; proprio perché non poteva averla, provava sempre più amore, e il fatto che lei avesse scelto un altro era quello che più gli dispiaceva. Rotolava e girava su se stesso, ma continuava a pensare alla palla, che nell'immaginazione diventava sempre più graziosa. Così passarono molti anni e quello divenne un antico amore.

La fiaba *I fidanzati* di Hans Christian Andersen, facendo riferimento a due semplici giocattoli, riporta la nostra attenzione alle cose elementari, primarie e la loro trasfigurazione in esseri animati non nuoce al loro ruolo di "cose". Così continua e termina l'apologo che è anche un *memento mori*.

Il trottolino non era più giovane! Un giorno venne dorato da cima a fondo: non era mai stato così bello. Ora era un trottolino dorato e saltava e girava a più non posso. Che divertimento! ma a un certo momento saltò troppo in alto e... sparì! Lo cercarono a lungo, persino in cantina, ma non riuscirono a trovarlo. Dov'era finito? Era caduto nel deposito della spazzatura dove c'era di tutto: torsoli di cavolo, manici di scopa e tanti calcinacci caduti dalla grondaia. "Adesso sono a posto! qui perderò presto la doratura, e guarda un po' con chi mi tocca stare!" e intanto sbirciava verso un lungo torsolo di cavolo che era stato rosicchiato fin troppo, e verso uno strano oggetto rotondo che sembrava una vecchia mela, ma non era una mela, bensì una vecchia palla, che per tanti anni era rimasta sulla grondaia e che l'acqua aveva afflosciato. "Fortunatamente è arrivato qualcuno del mio ceto con cui poter parlare!" esclamò la palla osservando il trottolino dorato. "Io sono fatta di marocchino, cucita da una damigella. E ho una valvola in vita, ma nessuno lo capirebbe ora! Stavo per sposarmi con un rondone, quando caddi sulla grondaia e lì rimasi per cinque anni affondata nell'acqua. È molto tempo, mi creda, per una signorina". Ma il trottolino non disse nulla, pensava al suo antico amore, e più la ascoltava, più si convinceva che era lei. Poi giunse la domestica per vuotare il secchio della spazzatura e "Eccolo qui, il trottolino dorato!" esclamò. Il giocattolo venne così riportato nella stanza con tutti gli onori; della palla invece non si seppe nulla e il trottolino non parlò mai più del suo antico amore; l'amore passa quando la propria amata è rimasta cinque anni a marcire in una grondaia; non la si riconosce nemmeno, se la si incontra nel deposito della spazzatura.

La palla è una *sfera* e la sfera è il luogo dei punti dello spazio la cui distanza da un punto, detto centro, è minore o eguale a un segmento assegnato, detto raggio. *Sphere, sphère, esfera, cφepa, σφαίρα,* sono i nomi di questa cosa che diventa globo, palla, biglia, boccia, e se da un punto di vista geometrico sempre, se pure con le dovute approssimazioni, si parla della medesima forma, ben diverse sono le storie. E poiché il tema di questo libro ruota intorno alla banalità e alla semplicità delle cose si cercherà di evitare ogni riferimento alle sfere degli scienziati e dei filosofi: non si farà riferimento né al trattato *De Sphaera* di Giovanni di Sacrobosco stampato con il titolo *Sphaera Mundi* a Leipzig nel 1489 da Conrad Kachelofen, né al codice miniato del XIV secolo *De Sphaera Estense,* e neppure alla *Sphaera Caelestis* di Joannes Amos Comenius. Anche Johannes Baptiste Homann intorno al 1750 pubblicherà a Norimberga una *Sphaera Mundi.*

Se in greco *sphaira* significa anche polpetta (di forma sferica), ma anche palla, questa parola, assai comune nel nostro fraseggiare può essere fatta derivare sia da una radice germanica (*balla*) sia al verbo greco *bàllein, pàllein;* che significa lanciare, come accade per il *latino pèllere,* gettare, scagliare, da cui *pìlum,* (giavellotto) e *pìla* (palla). La palla francese diviene *balle* e quella spagnola *pelota;* in inglese la palla è *ball* e così pure in tedesco *Ball,* che però a differenza di quella inglese è maschile, ma per la parità dei generi c'è anche la *Kugel* che è però anche sfera e globo.

"Che palle!" potrà a questo punto pensare qualcuno annoiato da queste considerazioni, ma "non raccontarmi palle!", potrebbe continuare. Invece le palle dei proverbi sono sempre vere: "gli uomini son la palla della fortuna" e "tutte le palle non riescon tonde", tanto per incominciare e scendendo sul campo da gioco si ricorda che "quando la palla balza, ciascun sa darle", ma anche "chi non può darle alla palla, sconci". "Essere in palla", "essere una palla al piede" e "cogliere la palla al balzo" sono locuzioni assai comuni.

Già si è accennato, nel primo capitolo, di come la Fortuna danzi su una sfera, a simboleggiare la aleatorietà dei suoi favori, ma la sfera entra nell'universo dei simboli anche in altre dimensioni.

Nell'*Iconologia* di Cesare Ripa, una raccolta di "emblemi morali" descritti con la concretezza di modelli fisici, la Gloria è una

> donna che mostra le mammelle e le braccia ignude, nella destra tiene una figuretta discintamente vestita, la quale in una mano porta una ghirlanda, e nell'altra una palma, nella sinistra poi della Gloria sarà una sfera, co' segni dello Zodiaco. Et in questi modi si vede in molte monete, et altre memorie de gli antichi.

GLORIA

La sfera armillare non è solo uno strumento per meglio comprendere il moto dei pianeti concepiti ancora in una visione geocentrica, ma assume il ruolo di modello stesso dell'universo e del suo rapporto con Dio.

Le biglie, chi non ha mai giocato con queste sferette, sono un gioco antichissimo: di terracotta, di marmo, di vetro, di plastica... Forse scompariranno divorate dalle realtà virtuali, come hanno fatto gli elettromeccanici flipper. Anche in essi le protagoniste erano potenti biglie di acciaio.

La prima testimonianza di giochi con le biglie risale all'Antico Egitto ed erano considerati momenti di evasione nel periodo di studio. La storia di questo gioco ha assunto innumerevoli varianti, ma le biglie sono rimaste sempre le stesse: dal XVIII secolo la Germania ne è diventata il centro industriale di produzione.

In occasione della IV *Mostra internazionale d'illustrazione per l'infanzia* tenutasi a Cremona nel Palazzo Comunale tra il dicembre 2005 e il gennaio 2006 è apparsa in internet un'interessante rassegna delle varianti del gioco di queste sferette che si chiamano anche *ciche, banta, bolitas, canicas, frjne, ikp'se, haulen, lìjiiu'ossicini*.

I giocatori puntavano un certo numero di biglie che venivano allineate; la prima a sinistra era "il gallo", la seconda "la gallina"; poi da una certa distanza convenzionata, dopo il sorteggio, ogni giocatore "tirava" una biglia contro la fila e si guadagnava tutte le biglie che si trovavano sulla destra all'arco, formato dalla biglia tirata.

Ma le storie dei giocattoli e delle sferette seguono le strade delle moderne tecnologie anche nelle regioni più impensate del nostro Paese.

Nel 1999 il sugherificio dei tre fratelli Tusacciu, sito nella zona industriale di Calangianus in provincia di Sassari, si trasforma nella *PlastWood*. Edoardo il minore dei fratelli intuisce che sferette e barrette magnetiche possono diventare l'elemento base per un nuovo giocattolo destinato a seguire nella difficile evoluzione delle cose, gli illustri antenati dell'Erector, del Meccano e della stessa Lego: nasce così il Geomag®, che nel 2003 evolve nel Supermag®. "La sfida era rivitalizzare un settore statico come quello dei giocattoli", racconta il presidente di *Plastwood*, "e soprattutto portare nelle case di tutto il mondo un nuovo classico per tutte le età". Aiutate dalle barrette magnetiche, le biglie metalliche trovano sempre nuove funzioni e stimolano nuovi processi creativi e industriali.

Amore nutro in me giocatore di palla; e a te lancia
Eliodora, il cuore che mi palpita in seno.
Come compagno di gioco tu accettalo; e tu la tua Brama
lanciami: non accetto irregolarità.

Meleagro, in un frammento dell'*Antologia palatina* (V, 214, trad. di Ettore Romagnoli), ricorda che Amore gioca a palla. Ma, lo si è già visto, è la Fortuna che si erge su una sfera e, anche se le irregolarità sono vietate, il caso è pur sempre una componente da non dimenticare quando si ha a che fare con le sfere. Perché altrimenti nelle macchinette delle fortuna del quartiere Pachinko a Tokyo vi sarebbero così tante sfere metalliche? Perché nei flipper le vere protagoniste erano (ora anch'esse sono digitali) grosse biglie di acciaio?

Più grosse delle biglie, ma loro parenti strette sono le bocce. Nel Medioevo si giocava a bocce per le strade, sulle piazze, nei castelli. Nel 1299, a Southampton, in Inghilterra, nacque l'*Old Bowling Green*. Ma spesso questa pratica ludica non piacque ai sovrani che, via via nei secoli emanarono editti contro questo gioco: tra questi Carlo IV il Bello (editto del 1319), Edoardo III d'Inghilterra, Carlo V il Saggio (1370) e, una ventina di anni più tardi, il re inglese Riccardo II. Erasmo da Rotterdam le chiamava *ludus globarum missilium*, Calvino era anche un accanito giocatore, e Rabelais racconta come Gargantua si dilettasse alle bocce per digerire. William Shakespeare ricorda le bocce nel *Riccardo II*. Il gioco fu proibito da Enrico VIII, e nel 1576 i Dogi di Venezia ne furono addirittura terrorizzati ed emisero un pesantissimo editto contro "... il pericolo grande delle balle...". Ma alla fine del XVI secolo Carlo II d'Inghilterra lo legalizzò e fu preparato una specie di regolamento. Nel 1753, a Bologna, uscì un volumetto, il *Gioco delle bocchie* di Raffaele Bisteghi.

Fino alla metà dell'Ottocento le bocce erano in legno di bosso, di faggio e di olmo. A partire dal 1872 alcuni artigiani del Var, nel Sud della Francia, incominciarono a produrre le *boules cloutées*, le bocce chiodate, che pur mantenendo la loro anima di legno, dimostravano una migliore durezza superficiale e più affidabili caratteristiche di resistenza all'usura e di presa sul terreno. La capitale della produzione delle bocce chiodate divenne la citta-

dina di Aiguines, posta sulla riva sinistra del Verdon: la sua fama si concluse nel 1933 quando questa industria definitivamente si arrestò. Una boccia di buona qualità poteva essere *attrezzata* con un numero di chiodi che poteva salire sino a 1200. La loro disposizione poteva assumere, anche in funzione della forma della testa dei chiodi medesimi, a spirale, a ventaglio, a scaglie di pesce, a cuore, a stelle, a cerchi paralleli. Il peso di una boccia chiodata del diametro variabile da 100 a 150 millimetri crebbe sino a 1500 grammi, ma presto queste sfere ridussero le loro dimensioni per essere più maneggevoli e leggere. Solo intorno al 1920 si incominciò a produrle industrialmente.

Le bocce in bronzo colato, fecero invece la loro apparizione nel 1923 nelle officine di Vincent Mille e Paul Courtieu, e dagli anni '30, il meccanico J. Blanc de St.Bonnet-le-Château ebbe l'idea di rimpiazzare definitivamente le vecchie bocce di legno con le nuove metalliche. Si dovette però aspettare sino al 1949 per avere delle bocce in acciaio, le quali furono messe in commercio solo nel 1955 con il nome di *Obut* da Frédéric Bayet, e dal suo amico Antoine Dupuy. Le bocce in acciaio erano prodotte in due semisfere successivamente saldate e quindi tornite. A partire dal 1988 sono apparse sul mercato le bocce metalliche colorate, che sono state accettate anche dalle federazioni ufficiali del gioco.

Ma ritorniamo in Italia con una piccola nota di cronaca: il 1 maggio 1873 sorse a Torino la prima Società d'Italia che si chiamò *Cricca Bocciofila*. Nel 1897, un esiguo numero di Società bocciofile piemontesi si riunì a Rivoli all'imbocco della Valle di Susa e l'anno successivo, il 1 maggio 1898, in occasione dell'*Esposizione Internazionale* di Torino, nacque l'*Unione Bocciofila Piemontese*.

Oggi, le bocce di bronzo "vuote" sono fuse in conchiglia con un'anima in resina. Il bronzo è in lega Xantal di colore giallo o bianco e ha una forte resistenza agli urti e al rotolamento. Una volta fusa la boccia, inizia la lavorazione di tornitura ed equilibratura. Lo stesso procedimento si adotta per le bocce di bronzo dette "piene". Prima delle lavorazioni di finitura si introduce nella boccia attraverso i fori lasciati dall'anima della fusione con del materiale elastico. In questo modo si ottiene una boccia che non rimbalza alla bocciata, ma striscia a terra con l'ovvio vantaggio di colpire il bersaglio più facilmente. Successivamente alle operazioni di tornitura, raggiunto il diametro e il peso desiderato, si procede alla rigatura, seguita dalla lucidatura.

Ma esistono anche le bocce "sintetiche" prodotte con resine termoindurenti: resine fenoliche e melamminiche, che presentano un'elevata resistenza agli urti e all'abrasione. Le bocce sintetiche sono piene. Dopo la fase di preformatura segue un preriscaldo e infine il materiale sintetico viene posto nello stampo di produzione, che sotto pressione e alta temperatura raggiunge la forma finale.

Nel *Regolamento Nazionale Petanque* (il gioco delle bocce a livello agonistico), all'Articolo 2 si legge: La *Petanque* si gioca con bocce omologate dalla Federazione Internazionale, le quali, devono corrispondere alle seguenti caratteristiche:

1. Le bocce devono essere di metallo.
2. Le bocce devono avere un diametro compreso tra i 7,05 cm (minimo) e gli 8 cm (massimo).
3. Le bocce devono avere un peso compreso tra 650 gr (minimo) e 800 gr (massimo). Il marchio di fabbrica e le cifre del peso devono essere incisi sulle bocce ed essere sempre leggibili.
4. Le bocce non possono essere "piombate", "sabbiate" e, in generale, non debbono essere "truccate" né subire alcuna trasformazione o modificazione dall'originale, realizzato presso la fabbrica e approvato dalla Federazione Internazionale. È altresì proibita la "ricottura" allo scopo di modificare la "durezza" indicata dal costruttore. Tuttavia nome e cognome del giocatore (o le sole iniziali) possono esservi presenti, oltre alle altre sigle o "loghi" incisi all'origine dalla casa costruttrice, corrispondenti ai dati trascritti sui cartellini che le accompagnano.

La boccia regolamentare è costruita con materiale non metallico e deve rispettare le specifiche relative a peso, dimensioni e bilanciamento. Deve avere una circonferenza che non superi i 27 pollici e il suo peso non deve essere superiore alle 16 libbre. Ogni boccia deve avere un diametro costante: la sua superficie non deve presentare depressioni o solchi regolari, a eccezione dei fori utilizzati per impugnarla, delle lettere e i numeri di identificazione e delle ammaccature accidentali dovute all'usura. I fori o gli incavi presenti per impugnare la palla non possono essere superiori a cinque. Le specifiche più importanti per l'omologazione di una boccia sono: diametro con misura massima di 8,595 pollici, sfericità con tolleranza massima di 0,010 pollici, durezza misurata con durometro scala "D" minimo 72, raggio giroscopico massimo 2,800 pollici, differenziale massimo del raggio giroscopico 0,080 pollici, coefficiente d'attrito [con raggio di attrito di] 0,390 pollici, coefficiente di restituzione d'inerzia 0,780 pollici, sbilanciamento massima tolleranza permessa tra la metà superiore della palla (il centro dell'impugnatura) e la metà opposta è di 74 grammi, sbilanciamento massimo tra le parti a destra e a sinistra, dell'impugnatura e tra le parti superiori e inferiori è di 28 grammi, non sono consentiti dispositivi mobili all'interno della palla, è vietato l'uso di sostanze chimiche per alterare la durezza della, superficie della palla. Vista l'alta tecnologia delle palle da bowling e il loro alto coefficiente d'attrito, per preservare la superficie di gioco della pista e per permettere un gioco più omogeneo, le piste vengono condizionate con oli per aumentare la scivolosità della palla. La boccia può essere di plastica, uretanica, di materiale reattivo e di materiale pro-attivo. Le bocce in plastica sono adatte a principianti e servono a imparare la precisione nel tiro in quanto sono formate da materiali che non hanno nessuna reazione sulla pista e come si dice comunemente "vanno dritte sui birilli". Le bocce uretaniche hanno una modesta reazione alla pista, che è facilmente controllabile e prevedibile e quindi sono il primo passo per coloro che vogliono acquistare la prima boccia. Le bocce reattive, reagiscono alla pista e quindi fanno un gancio sul finale che produce un impatto di maggior potenza sui birilli.

Ma perché non ricordare che proprio intorno alle palle da biliardo la storia della chimica ha segnato una delle sue tappe fondamentali?

Ad Albany, nello stato di New York, un bando di concorso promosso dalla ditta *Phelan and Collander*, produttrice di palle da biliardo, prometteva un premio di diecimila dollari a chi avesse sviluppato un materiale capace di sostituire l'avorio nella fabbricazione delle palle per biliardo, in quanto la materia prima naturale stava scarseggiando. John Wesley Hyatt, a partire dal 1863 incominciò la ricerca dell'*avorio artificiale*. Egli scoprì che la soluzione di canfora in etanolo era un solvente perfetto e un plastificante ideale della nitrocellulosa. Ebbe successo intorno al 1869: la celluloide fu brevettata il 12 luglio 1870.

Alcuni anni più tardi, il chimico belga-americano Leo Hendrik Baekeland (Gand, Belgio, 14 novembre 1863 – Beacon, Stati Uniti, 23 febbraio 1944) nel 1905, a Yonkers presso New York, combinò il fenolo con la formaldeide ottenendo una materia plastica di colore scuro che, dal suo cognome, chiamò bakelite, e la brevettò nel 1906. Da allora le palle da biliardo hanno incominciato a essere fabbricate con materiale sintetico e di bakelite sono state costruite le palle da biliardo dagli anni '20 sino agli anni '50.

Si potrebbe a questo punto aprire un capitolo sul bowling, ma qui ricordiamo solo che è il gioco preferito da Homer Simpson, assieme a un buon boccale di birra Duff.

> Apelle figlio d'Apollo
> Fece una palla di pelle di pollo.
> Tutti i pesci vennero a galla
> Per vedere la palla di pelle di pollo
> Fatta da Apelle figlio d'Apollo

È una filastrocca che tutti i bambini conoscono: e chi non ricorda le ore passate a giocare a palla prigioniera, a palla avvelenata, a palla 4 basi…? I giochi con palle e altre cose sferiche sono antichi come il mondo. Alcuni storici hanno scoperto un legame fra il golf e l'antico gioco romano della *paganica*, molto popolare e assai praticato in campagna: si dice che venisse giocata con un bastone ricurvo e con una pallina di pelle conciata e imbottita di piume.

Dalla paganica probabilmente hanno avuto origine altri giochi di mazza e pallina praticati in Europa come la *cambuca*, il *jeu de il mail*, il *chole*, il *crosse*, il *kolven* e il *pell mell* (pallamaglio), il *croquet*.

La cambuca si giocava in Inghilterra verso la metà del XIV secolo, sotto il regno di Edoardo III. La pallacorda è un gioco simile alla pallapugno, praticato dal secolo XIII che nella sua evoluzione ha dato origine alla pelota basca e al tennis: la palla doveva essere lanciata nel campo avverso superando una corda tesa a metà campo. In Francia divenne il gioco più popolare e forse il primo sport professionale dell'evo moderno: nel secolo XVII solo a Parigi esistevano 1.800 campi per la pratica di questo gioco, che prendeva il nome di *jeu de paume*, ossia gioco di palmo (della mano), poiché inizialmente i giocatori colpivano la palla con la mano protetta da un guanto. Nella storia è famosa la sala della pallacorda di Versailles nella quale i delegati del Terzo stato il 20 giugno 1789 promulgarono la costituzione della Francia.

Il *Balon* (che si pronuncia *balùn*) è il mercato delle pulci di Torino, sorto verso la fine del 1700 e trasferito nel 1856 dalla zona delle Porte Palatine nella *Borgata del Pallone* in regione Valdocco, lungo la Dora Riparia, dove un tempo si giocava al pallone elastico. È attualmente uno dei più grandi mercati di *cose vecchie* all'aperto d'Europa.

A Torino, ben prima del pallone elastico, nei pressi del Castello del Valentino, si giocava il pallamaglio. Questo gioco, chiamato *pell mell* o anche *pall mall*, giocato con una palla e una mazza può essere considerato il progenitore del cricket e a Londra nel XVII secolo veniva giocato in una strada che proprio da questo gioco prese il nome.

Pall Mall è una *street* nella City of Westminster, parallela a The Mall, che va da St. James's Street, supera Waterloo Place e arriva a Haymarket. Pall Mall è la strada dei più famosi club londinesi, fondati tra il XIX e i primi anni del XX secolo. Tra loro troviamo *Athenaeum, Travellers Club, Reform Club, United Services Club Oxford and Cambridge Club* e *Royal Automobile Club*. In questa lussuosa ed elegante strada si insediarono importanti centri d'arte e di antiquariato tra cui nel 1814 la *Royal Academy*; qui ebbe sede dal 1824 al 1834 la *National Gallery* e più tardi la casa d'aste *Christie's*. In questa strada nel 1807 fu installata la prima illuminazione pubblica a gas.

Fu per queste ragioni – strano legame tra una palla e il tabacco – che la *Butler & Butler Company*, volendo produrre un tipo di sigarette di classe superiore (*premium*) nel 1899 fece nascere il marchio *Pall Mall*, con la tipica scatola rossa con decorazioni in oro.

Le lucenti sfere di Arnaldo Pomodoro, che a un profano sembrano melograni spaccati, sono gli esempi che meglio identificano la scultura in bronzo nel panorama italiano della seconda metà del XX secolo. Queste sfere lucenti e levigate svelano la complessità della loro intimità interna. Difficile è incontrare altre presenze singolari di sfere nelle stanze dell'arte, ma non mancano le eccezioni. Variegato è l'uso delle sfere, delle palle, delle biglie, da parte di Man Ray, che, a differenza degli altri artisti suoi contemporanei preferiscono altri solidi geometrici.

La *Boule sans neige* (*Palla senza neve*) di Man Ray, un'opera del 1927, è inquietante, ma lo è altrettanto lo *Smoking Device* (1959-70), dove un tubo di plastica si avviluppa su un portapipe affollato di biglie di vetro. Sfere di cristallo e di legno accompagnano il *Ritratto* scelto per la copertina dell'album *Photographs by Man Ray 1920*; altre sfere popolano le sue rayografie.

Le sfere dei cuscinetti a rotolamento sono costruite in acciaio al cromo; per i diametri maggiori il cromo può crescere sino a una percentuale dell'1% mentre il carbonio diminuisce sino all'1%. Inizialmente le sfere vengono stampate o tornite; poi subiscono due rettifiche di sgrossatura e di finitura in macchine speciali, nelle quali vengono fatte rotolare fra due dischi eccentrici, uno dei quali è una mola, quindi vengono temprate e sottoposte a una lappatura fra dischi di acciaio con una miscela di petrolio e smeriglio impalpabile. Al termine della lavorazione le sfere hanno differenze di diametro di qualche micron. Segue quindi una suddivisione in lotti per diametri crescenti a incrementi di uno o due millesimi di millimetro. In ogni cuscinetto vengono usate sfere appartenenti a un medesimo lotto. Queste alcune note tecnologiche.

Note sin dall'antichità, che ha lasciato reperti a diretta testimonianza di questi dispositivi: il più famoso cuscinetto a sfere è quello ritrovato sulla nave romana ritrovata nel Lago di Nemi negli anni '20. Dall'età imperiale a tutto il Medioevo, sembra che il cuscinetto *a sfere* sia stato dimenticato, sino al '400 quando Francesco di Giorgio, ma soprattutto Leonardo da Vinci riportarono l'attenzione a queste "macchine" per ridurre l'attrito. Ma solo nel XIX secolo le sfere metalliche ritornarono veramente alla ribalta e proprio le biciclette, anche in questo settore, ebbero la funzione di apripista per l'innovazione tecnologica. Famosa era la fabbrica di sfere per biciclette *Sysmonds Rolling Machine Company* di Fitchburg. Di questa fabbrica parlò Fridrich W. Taylor in una relazione tenuta a Saratoga nel 1903 davanti all'assemblea degli ingegneri iscritti all'ASME, poi pubblicata col titolo *Shop Mangement*; e ancora nel suo famoso saggio *The Principles of Scientific Management* del 1911.

Anche in Italia ben presto i cuscinetti a sfere diventano un "componente strategico" per far decollare la grande industria. Nel 1906 la FIAT partecipa a una esposizione-competizione per costruttori di automobili a Berlino, ma per partecipare è necessario che tutti i componenti dell'auto siano fabbricati nel paese dell'azienda partecipante. I cuscinetti a sfera sono già costruiti in Francia e in Germania, ma non in Italia. Il "senatore" Giovanni Agnelli viene a contatto con il progettista italiano del cuscinetto, l'ingegner Roberto Incerti, meccanico costruttore di biciclette che possiede due piccole aziende familiari e ben presto a Torino, in Via Marocchetti 6, è fondata la società RIV che ha come denominazione ufficiale Roberto Incerti et C. Villar Perosa: si fabbricano cuscinetti a sfere e sfere d'acciaio e da principio la produzione avviene nello stabilimento Fiat di Corso Dante, con una manodopera iniziale di 23 operai. L'anno successivo sorge a Villar Perosa il primo vero e proprio stabilimento RIV. Nel 1911 i dipendenti diventeranno 340 e la produzione annua raggiungerà i 200.000 pezzi. Più recentemente la RIV è stata assorbita dalla svedese SKF, ma ritorniamo ancora una volta alle "cose".

Componenti essenziali dei cuscinetti per alte velocità sono le sfere di materiale ceramico, che rappresentano una combinazione ottimale dal punto di vista della densità, della resistenza e della durata. Il materiale ceramico normalmente impiegato per la fabbricazione delle sfere è il Nitruro di Silicio (Si_3N_4) che, sottoposto a procedimenti particolari, raggiunge un elevato grado di durezza e di omogeneità.

Di nuovo un salto indietro nel passato. Dopo il trattato di Utrecht (1713) il Piemonte e la Savoia si trovarono promosse a Regno e tutta l'amministrazione dello Stato dovette adeguarsi al suo nuovo ruolo sullo scacchiere europeo. Nelle complesse iniziative di "promozione" del Regno di Sardegna il commendatore Giovanni Battista D'Embser ricevette nel 1731 dal sovrano Carlo Emanuele II l'incarico di redigere un *Dizzionario Istruttivo di tutte le robbe appartenenti all'Artiglieria*, che avrebbe dovuto codificare e regolare tutte attività concernenti le tecnologie militari nel nuovo Arsenale torinese. In questo importante trattato non vengono naturalmente dimenticate le palle da cannone.

Le palle per l'artiglieria sono corpi o globbi sferici e massicci, che possono formarsi di diversi metalli od altre materie, e secondo li calibri neccessari; cioè si fondono di ghiza ne' suoi modelli fatti espressamente di metallo, oppure di ghiza. Se ne forgiano pure di quelle di ferro battuto, sotto 'l maglio. Si fanno di piombo, di pietra, di terracotta, e di composizione incendiaria; le più usitate però sono quelle che si fondono di ferro, quali servono tanto nelle diffese, che negl' attachi delle piazze, per rovinar parapetti, danneggiar l'artiglieria nemica, abbatter torri e muraglie de' bastioni, con farne le breccie per indi darne gl' assalti. Servono anche per rovinar nelle campagne, ponti di barche costrutti di boscami o di muraglia, come pure nelle battaglie per danneggiar li battaglioni e squadroni nemici. Tutte le palle di qualsivoglia materia devono avere il loro vento, cioè alquanto più piccole della bocca del cannone per non restare ingaggiate nelle loro anime nel caricarlo.

Molte sono le tipologie di queste "sfere belliche".

Ci sono le

palle di pietra coperte di piombo, ove li calibri dei smerigli si ritrovano di picol diametro, e che il farle di ferro sarebbe troppo difficile la costruzione, ed anche dispendiosa. Si suol metter un pezzo di pietra nel modello, e riempirlo col piombo liquefatto; la qual pietra si mette per diminuire il peso del piombo di quanto è maggiore di quello del ferro, per equiponderar la proporzione che ha il ferro col stesso piombo.

E ancora le "palle di pietra di calibro", ma anche le "palle di terra cotta" che "però solo servono pei pezzi di piccol calibro", e le "palle ramate" che sono

proprie nelle battaglie navali, per romper alberi ed antenne, squarciar velle e cordaggi, et alle volte potrebbe ben ancora servire per le terrestri, per disordinar battaglioni, e squadroni intieri.

Perché dimenticare infine "le palle, osian globbi incendiari"? Esse

si compongono di diverse composizioni, materie combustibili fumanti, puzzolenti ed anco avvellenate. [...] Si costruono in grandezza secondo il diametro del mortaro col quale devono gettarsi; e può farsi il globbo esteriormente di cerchiame di ferro, con suo cullatone di lastra anco di ferro ben inchiodata assieme, con suo sacco di terlisso osia cottizzo al di dentro, per riempirsi della composizione e per risparmiar il ferro e fattura di detti globbi. Si possono cordonare ancora in diverse maniere con strafforzino forte, con nodo "a coste", nodo "a rosa" e nodo "a lumacca" chiamati; ne' quali globbi si può anco infigger dentro pezzi di canne da fuccile o da pistolla caricate a palla, che non sovravanzino la superficie esteriore de' detti, e servono per tener lontani quelli che vorebbero cimentarsi all'estinzione de' medesimi.

Ma sarebbe una grave mancanza il tralasciare tutta una serie di attrezzi "et utigli" che si incontrano nelle varie fasi della loro lavorazione.

[I] calibri di ferro per calibrar palle, sono a guisa di cerchi, osiano anelli d'una fatta rotondità e di diametro del peso delle palle da calibrarsi. Sono fatti tutti di ferro, con loro manico simile, e per maggior durata dovrebbero esser tutti temprati, acciò col longo travaglio non venghino a ingrandirsi li loro diametri. Servono per visitare e riconoscere le palle di che calibro sono, e di qual peso.

Sono proprio le palle di cannone, e soprattutto il loro diametro, che aveva chiare esigenze di accoppiarsi perfettamente a quello dell'anima delle bocche da fuoco, ad avere fatto nascere la moderna unificazione e normativa tecnica.

Ma anche in tempo di pace, altre sfere hanno il compito di demolire muri ed edifici. Le gru e i demolitori a sfera, che oggi sempre più raramente si possono osservare nei cantieri, hanno sfere di acciaio dove le masse in gioco superano tranquillamente le decine di quintali.

Già Ambroise Paré (1510 – 1590), "chirurgien du Roi" al tempo di Enrico II e di Carlo IX di Francia nel suo trattato *Des moyens et artifices d'adjouster ce qui defaut naturellement ou par accident*, parlando delle protesi che la meccanica chirurgica stava approntando sempre con maggiore accuratezza cita gli "yeux artificiels": ma non si tratta ancora di quelle protesi sferiche in vetro che solo nei secoli successivi, e proprio grazie all'arte dei vetrai veneziani, divennero pregiata merce di scambio tra i viaggiatori occidentali e i paesi esotici.

Quando nel 1759 il padovano Vitaliano Donati, professore di Botanica presso lo Studio torinese, ricevette l'incarico di compiere una missione esplorativa e cognitiva in Levante, arrivato a Venezia il 17 maggio, fece una serie di acquisti per procacciarsi le attrezzature della spedizione. Di questi oggetti è rimasto un dettagliato elenco di spesa: lenti e specchi per la camera optica, cavalletto per dipingere, cassetta per riporre i tubi del barometro, lenti incassate in corno per cannocchiale…, bilance con serie di pesi, bussole per navigare, ami di varie grandezze, 3.000 aghi non sottili, 500 simili grandi, rocchetti d'argento, fiasca d'ottone, aghi per cucire, aghi da sacco, da taglio, forbice grande, forbici piccole d'Inghilterra, crapini d'Inghilterra, zanaglia da pittore, stiletti e spatole da chirurgo, gas naceto, astuccio per ferri da chirurgo. Non dimentichiamo che era anche un medico. Ma ecco che arriva anche "una scatola grande d'occhi di vetro", e poi ancora "coltelli anatomici, coltello detto a foglia di mirto" ecc. Di questi occhi di vetro il Donati si servirà in terra di Egitto per procurarsi servigi e reperti. Fu certo un innovatore, perché solo nel secolo successivo queste protesi si diffusero largamente. Hazard-Mirault nel suo *Traité pratique de l'oeil artificiel* (Duponcet, Parigi 1818) racconta come queste sfere di vetro, colorato di bianco tramite ossido di piombo, rendessero la protesi ruvida in breve tempo, con la conseguente irritazione della congiuntiva. Gli occhi di vetro erano molto richiesti e il loro prezzo era di 20 Louis d'or.

Ludwig Müller-Uri alla fine dell'Ottocento incominciò a lavorare il vetro di criolite e queste nuove protesi risultarono resistenti alla corrosione e leggere. Ottenne molte onorificenze, fra cui la *Centennial Commission Award* dell'esposizione mondiale del 1879 di Philadelphia e la sua ditta, fondata nel 1835 a Lipsia, aprì prima del 1900 una succursale a Berlino. Nel 1900 i nipoti dell'inventore Werner, Otto e Ludwig Müller-Uri, incominciarono a lavorare in Svizzera e nel 1947 Ludwig Müller-Uri si stabilì dapprima a Berna, quindi definitivamente a Lucerna dove fondò nel 1956 lo *Schweizerisches Kunstaugen-Institut*.

Se invece si ritorna allo stereotipo della vita quotidiana, magari con quello sguardo un po' retro che si ritrova nei cartoni animati di Gatto Silvestro, perché non ricordare gli archetipi dei moderni acquari? Le prime bocce per pesci apparvero alla metà del XIX secolo. Solitari pesci rossi vi giravano in tondo senza resistere a lungo. Nonostante fosse stato subito considerato come maltrattamento di animali, e quindi proibito, l'acquario a boccia conobbe una rapida e vasta diffusione conquistando il proprio posto nel soggiorno vicino alla finestra. Nel fine settimana si cambiava l'acqua, si lavava la boccia e si rimetteva il pesce nell'acqua fredda.

Altre bocce di vetro, con indubbio gusto *kitsch*, ma con una maggiore sensibilità animalista, trovano spazio su consolle e tavolini: piccoli globi di vetro, pieni di un liquido trasparente che avvolge piccoli modelli o statuine.

Le palle di neve o le *snowdomes* come le chiamano gli americani (in Francia sono le *boules de neige*, in Spagna *bolas de nieve*, e in Germania le *Schneekugeln*) hanno da sempre incuriosito un po' tutti. Conosciute e diffuse in diversi Paesi, costituiscono per molti i ricordi di viaggi, di luoghi turistici, del Natale e delle feste di compleanno. Monumenti caratteristici di città, santi celebri, animali, personaggi di fiabe e fumetti, rilucono tra le scaglie micacee che simulano i fiocchi di una improbabile neve che, dopo essere stata agitata, lentamente torna a depositarsi alla base della boccia.

In Francia nascono questi curiosi oggetti, già nella seconda metà dell'Ottocento. Ma è in America, precisamente nel Museo di Bergstrom Mahler nel Wisconsin, che è custodita la più antica palla di vetro, datata 1870. Alla prima Esposizione Universale di Parigi del 1878, piccole bocce di vetro contenente acqua e pulviscolo bianco, furono inserite tra le novità come fermacarte. L'anno successivo alla stessa esposizione fu presentata una boccia di neve con all'interno la riproduzione della Torre Eiffel.

Orson Welles, il grande regista e attore americano, nel 1941 realizzò il suo primo film *Quarto Potere*. La prima scena si avvia con gli ultimi istanti di vita del magnate della stampa Charles Foster Kane che stringe in mano la palla di neve. Rotolando in terra la palla si rompe e la neve si libera in tutto l'ambiente come una nuvola: questo l'incipit di un lungo *flashback* che ha le sue origini in un'infanzia felice. E ancora dai ricordi di infanzia, presto destinati a diventare oggetti da museo, emergono i primi anni della televisione.

All'epoca di Carosello tra gli spot più seguiti c'era quello delle cronache del pianeta Papalla: una trovata geniale dello studio pubblicitario Testa nel 1970 per reclamizzare i prodotti elettrodomestici della *Philco*.

Come si faccia a rivoltare una sfera (o una palla) dall'esterno all'interno, senza praticare fori sulla sua superficie non è un problema che può interessare i tecnologi e anche i più ambiziosi tornitori ornamentali del Settecento, che hanno lasciato la testimonianza della loro abilità nel realizzare complesse sequenze di sfere concentriche in avorio, avrebbero saputo risolvere il problema. Gli stessi matematici, e per essere più precisi i topologi, che delle superfici e degli spazi più complessi sono gli studiosi, sino al 1958 ritenevano che fosse impossibile anche sul piano puramente concettuale. Nel 1958 Stephen Smale diede la soluzione a questo problema topologico con uno speciale tipo di deformazione chiamato "omotopia regolare". Durante un'omotopia regolare la superficie deve rimanere continua, senza buchi, spigoli o punti singolari e rispettando queste condizioni geometriche è possibile per la superficie di passare attraverso sé stessa. Con l'aiuto di alcuni modellini in filo di ferro (per gabbie di polli) Morin e Charles Pugh affrontarono l'aspetto fisico del problema, ma solo la realtà virtuale rese possibile la conclusione del lavoro.

La penna a sfera – qui la sfera è piccolissima, con un diametro compreso tra 0.7 e 1 mm – è stata invece inventata dal giornalista ungherese László József Bíró, e infatti in moltissimi paesi, questo innovativo mezzo di scrittura prese proprio il nome popolare di "biro". Antonello Venditti l'ha cantata in una sua famosa lirica.

Penna rossa, penna gialla, penna bianca, penna nera
per gli amici solamente penna a sfera
il tuo nome è diventato una bandiera.

C'è però anche un oggetto sferico che è conosciuto praticamente in tutto il mondo per la sua dolcezza. Il logo della *Chupa Chups* fu creato dal pittore surrealista Salvador Dalí. Al momento del lancio commerciale fu accompagnato dallo slogan "És rodó i dura molt, Chupa Chups", che in catalano significa "È rotondo e dura molto, Chupa Chups". Il suo nome deriva dal verbo spagnolo *chupar*, che significa "succhiare". La Chupa Chups è un'azienda dolciaria spagnola produttrice di lecca lecca. Fondata a Barcellona nel 1958 da Enric Bernat, ebbe un continuo successo: nel 1995 i lecca lecca Chupa Chups arrivarono nello spazio, a bordo della stazione Mir.

Nel mondo della fantasia numerose sono le sfere: *Sfera* il titolo di un celebre romanzo di Michael Crichton in cui si scopre in fondo al mare, dentro un misterioso relitto, un altrettanto misterioso oggetto sferico: sarà il matematico Harry Adams a entrare dentro alla sfera, per scoprire una misteriosa forma di vita intelligente, che si fa chiamare Jerry, e che pone in una nuova luce la "sfera" delle più profonde questioni sull'esistenza. Nel 1998 ne uscì una versione cinematografica, diretta da Barry Levinson, con Dustin Hoffman, Samuel L. Jackson e Sharon Stone.

Inu Yasha (戦国お伽草子―犬夜叉 Sengoku Otogi Zÿshi Inuyasha) è invece il titolo di un manga scritto e disegnato da Rumiko Takahashi, pubblicato sul settimanale giapponese Weekly Shonen Sunday dal 1996. Ne è stata tratta una serie animata creata dallo studio Sunrise, trasmessa in Giappone dal 2000 al 2004 e in seguito quattro lungometraggi d'animazione. Inu Yasha, un han'yÿ cane di circa 200 anni, è il protagonista maschile della serie, ed è alla ricerca della Sfera dei Quattri Spiriti. L'altro personaggio chiave del manga è Kagome, una studentessa delle medie che vive a Tÿkyÿ, in un tempio shintoista gestito dalla famiglia. La ragazza è proiettata nell'epoca Sengoku libera il mezzo-demone Inu Yasha. Di qui comincia-no le caleidoscopiche vicende per ricuperare Shikon no Tama, la Sfera dei quattro Spiriti, il misterioso gioiello simile a una sfera di vetro, che ha la capacità di amplificare i poteri maligni di demoni e creature malvagie. Scomparsa a seguito della antica battaglia tra Kikyo e Inuyasha, la sfera riappare fuoriuscendo dal corpo dell'ignara Kagome, e viene involontariamente frantumata da una freccia. Pur ridotta in molteplici frammenti, però, il mistico gioiello continua a sortire i suoi effetti e a manifestare la sua aura. Alla sua conquista è impegnato un grandissimo numero di creature soprannaturali, che ne bramano il potere, e tra esse Inu Yasha, che intende invece sfruttarla per diventare un demone completo.

Scriveva Francesco Petrarca

... fuggir volando, e correre Atalanta, da tre palle d'or vinta, e d'un bel viso.

Che la mela d'oro di Melpomene fosse una sfera è molto probabile: così racconta la leggenda, ma di certo sappiamo che Atalanta è la squadra di football di Bergamo e le affinità con la sfera non sono da spiegare.

□ □ □

Le cose, un epilogo

Affrontare una tassonomia generale delle cose, fossero anche solo le cose semplici, quelle fatte d'un sol pezzo e d'una sola materia, sarebbe una semplice follia e si rischierebbe di entrare in un solaio polveroso dove regna solo la confusione. Siamo ben lungi dal disporre, per gli oggetti e per gli artefatti, di un "sistema" pari a quel *Sistema Naturae* che fu nella mente e nel progetto di Carl Linné. Solo così si potrebbe dar luogo a una scienza dell'artificiale tale da potersi fregiare di questo nome: ma invece siamo ancora al semplice stadio delle elencazioni e delle raccolte, le quali altro non possono fare che affollare le *Kammer*, a cui non sapremmo se affibbiare l'attributo di *Wunder*. Già altre volte si è sperimentata una rassegna trasversale fondata sul numero sette, anche se giocata intorno allo *Smell*. Ma questa, non è una strada obbligata, e allora la speranza è che a questa prima scelta di sette oggetti possa seguire una più organica silloge, senza per questo dimenticare che in essa le discipline devono ritrovare antichi equilibri ben oltre i propri confini e limiti. Oltrepassare le frontiere è il compito precipuo di chi vuole "fare conoscenza", che è poi il mestiere di colui che un tempo si chiamava *philosopher*.

Nel *Cratilo* platonico si afferma che la conoscenza dei nomi fornisce anche la conoscenza delle cose.

I nomi esprimono la natura delle cose e non sono soltanto segni condizionati di esse. Per questo la conoscenza dei nomi porta con sé la conoscenza delle cose. Le cose hanno i loro nomi secondo la loro natura, la conoscenza delle cose permette di dare loro dei nomi; questi ultimi vengono dati alle cose secondo l'arbitrio umano attraverso uno statuto iscritto oggettivamente nella natura afferma P. A. Florenski. Ma qui non si è voluto (né se ne avrebbero avute le capacità) entrare nel grande e complesso regno delle leggi del pensiero. È pur vero che arte, storia naturale, grammatica, economia, filosofia, linguistica, antropologia e infine psicoanalisi compongono il tessuto connettivo su cui Foucault ha organizzato l'evoluzione del pensiero occidentale, fino alla contemporaneità dove trionfa il linguaggio e il segno. Se *Le parole e le cose* è "un'inchiesta archeologica del sapere", è pur sempre necessario, oggi, ricuperare una dimensione materiale delle idee, senza peraltro cadere nel sentimentalismo di quell'antropologia che guarda alla cultura materiale come a un'entità appartenente a un'età dell'oro ormai scomparsa. Nell'era della "insostenibile leggerezza del software" spesso dimentichiamo la pesantezza, l'ingombro, la dipendenza energetica, il degrado materiale di tutto ciò che supporta e sostiene le immagini e i suoni che ci circondano in quella che troppi definiscono come "realtà virtuale". Anche *Second Life* ha la sua pesantezza e soggiace anch'essa alle leggi della termodinamica. Perché non ricordare quel breve racconto di Thomas Pynchon intitolato *Entropia*? O anche le sottili insinuazioni intorno alla società della comunicazione che si nascondono nelle caleidoscopiche e oniriche pagine dell'*Incanto del lotto 49*?

Dal futuro è necessario ritornare a un passato che reclama la sua attualità perché profondamente radicato nel profondo delle regioni limbiche dell'uomo. Leonardo Sinisgalli, di cui già si è ricordato il ruolo nella *Civiltà delle Macchine* scriveva sul n.2 della Rivista un articolo intitolato *Una lucerna, una lanterna, una oliera*. In un'Italia che timidamente si affacciava al miracolo economico, dove l'*industrial design* stava dettando nuove regole etiche ed estetiche, "questi tre oggetti tagliati dallo stagnino di un vecchio borgo italiota" sono portatori di valori che non devono svanire.

[...] Si dice ormai da tutti che la conquista del benessere va a scapito della felicità, si riconosce che a vincere la noia, tuttavia, non resta all'uomo che industriarsi. [...] È logico che la quantità spaventosa di energia che si consuma sarebbe tutta sprecata se non servisse almeno a procurare un giocattolo all'ultimo bambino lucano o coreano, che dico un giocattolo, se non servisse a comprare un sillabario e l'inchiostro e i quaderni agli ultimi bambini esquimesi o zulù, se non servisse ecc. [...]

La mia idea è che le macchine sono di chi sta loro insieme, così come i campi sono di chi li coltiva e li conosce e li calpesta e ci cammina, come la donna è di chi ci vive accanto. [...] Ma il mio calderaio, il mio stagnino, Giacinto Fanuele della stirpe dei calderai e degli stagnini di Montemurro, era sempre di buon umore. [...] Noi facevamo tanti onori e tanta festa a Giacinto Fanuele e a suo figlio che venivano in casa nostra per qualche giorno, non a servirci, ma ad aiutarci. E così le pignate di rame, o i caccavotti, o le brocche, o le padelle, venivano guardati contro luce per scoprire un buco, un'incrinatura. Poi Giacinto con la forbice, e il mantice, e l'acido, e lo stagno, e la latta, si metteva a fabbricare le sue meravigliose forme, oliere, lucerne, imbuti. Forse è per averle guardate tanto a lungo quando la sfera del visibile è così ristretta, forse è per reagire alla civiltà che mi vuole suo figlio e che in ogni istante ne rivendica la legittimità, forse è per restituire, tutte le volte che mi riesce possibile, all'uomo i suoi meriti e le sue responsabilità, che io in questa fredda e limpida sera di gennaio, mi trattengo a rievocare il calore e l'ardore di una lucerna e la fisionomia snella, tagliente dell'oliera lucana. Alla grande tesi che s'intitola "Industrial design" voglio portare questo piccolo ma preciso contributo personale, l'opera accurata, paziente, amorosa dello stagnino di un vecchio borgo italiota. È chiaro che queste forme sono da prendere come espressioni dialettali, così colme di bellezza, una bellezza perenne e ormai immutabile. Concepite con felicità, la lima dei secoli e delle generazioni le ha perfezionate con accorgimenti millesimali. Noi forse esageriamo l'importanza di questi simulacri, di questi gusci inventati per contenere cibo e luce, un liquido lento e prezioso, un simbolo di Afrodite e di Cibele.

Si capisce come questi sacri oggetti venivano a incorporarsi nella vita familiare dei miei avi e passavano, carichi di storia e di memoria, a confortarli con la loro presenza nelle tombe.

(Civiltà delle Macchine, anno I (1953), n. 2)

Altre sono le dimensioni in cui le "cose" possono essere proiettate e qui di certo non si è voluto privilegiare quella filosofica, né quella più prettamente artistica, perché il registro della narrazione è pur sempre quello preferito: nulla si è voluto spiegare e se qualche volta è emersa una vena di erudizione, oppure, se i collegamenti sono risultati troppo arditi, si invita il lettore a usare un po' di clemenza. La narrazione deve essere sempre uno stimolo per una assunzione e reinterpretazione in proprio delle cose raccontate. In questo senso questo libro vuole essere vicino a quell'*Idea de Theatro* che fu anche il titolo di un'opera di Giulio Camillo, pubblicata a Firenze, per i tipi del Torrentino, nel 1550. E a proposito di teatro perché non ricordare *Tingeltangel*, tratto dall'omonimo testo di Karl Valentin che è stato rappresentato nel 2007 dal Teatro degli Indi-Visibili, con la regia di Carlo Ferrari e Marco Caronna. L'assurdità degli esilaranti discorsi a vanvera travolge i personaggi nati in una periferia scomparsa, nella Monaco del primo dopoguerra, che entrano in scena con movimenti rallentati, apatici, ebeti, con la sonnolenza sorniona, l'inerme passività di chi vive ai margini della storia. Ma sono i vari atti che sembrano fare il verso a una cosmologia assurda di un mondo fatto di piccole cose.

> In attesa dello spettacolo… Nel fienile
> Primo atto: Conversazione interessante
> Secondo atto: L'anello di brillanti
> Terzo atto: Lettera d'amore
> Quarto atto: Il bottone del colletto e la lancetta dell'orologio
> Quinto atto: Il rilegatore Wanninger
> Sesto atto: Dove sono i miei occhiali?
> Settimo atto: Teatro dell'obbligo

Forse anche le "sette cose" che popolano questo libro sono soltanto un simulacro, un feticcio memore di un passato che tende a svanire di fronte alle "nuove tecnologie", ma ciò nondimeno esse mantengono con la loro materialità un significato che non è solo un simbolo, una metafora, ma una presenza reale che ci conforta con la sua pesantezza, con la sua ruvidità o lucentezza, con il suo odore, con il suo risuonare al tocco di un dito. E se le sette cose si inseriscono in un'architettura di cui non si vogliono svelare gli arcani legami, ciò è per lasciare alle cose il loro ruolo di veri protagonisti in un "teatro" dove noi crediamo sempre di essere al centro della scena. Noi siamo fatti di cose, noi siamo le "cose".

Le cose, un epilogo

E adesso che anche l'epilogo è stato scritto, mi sembra doveroso, riprendendo in prima persona il discorso, ringraziare quanti hanno reso possibile questo libro. Innanzitutto Giuse, Elena ed Enrico che a casa nostra, e non solo, hanno sopportato con pazienza le mie digressioni e dissertazioni tra carte e carte, e che hanno saputo sollecitare e correggere, talvolta anche inconsapevolmente, le mie peregrinazioni extravaganti. Un ringraziamento particolare poi è dovuto a Marina Forlizzi della Casa Editrice Springer che ha creduto che queste mie memorie di viaggio potessero diventare "fisicamente tangibili". E poi a coloro che ho incontrato in questa lunga e irrequieta avventura e che hanno saputo consigliarmi, criticarmi, suggerirmi. Questi amici, a cui sono davvero debitore, sono elencati qui di seguito solo con i nomi, rigorosamente in ordine alfabetico, ed essi sapranno di certo riconoscersi: André, Andrea, Antonio, Carla, Carlo, Caterina, Catherine, Cettina, Chiara, Enrico, Filippo, Federico, Francesco, Frédéric, Gijs, Giovanni, Guido, Igino, Jerôme, Luca, Luigi, Luisa, Margherita, Mario, Marisa, Massimo, Maurizio, Michela, Paolo, Pino, Rossella, Sergio, Vittorio.

Bibliografia

I testi essenziali a cui si fa riferimento in questo saggio sono riportati (quando è stato possibile) nell'edizione in traduzione italiana
consultata. A fianco, tra parentesi, per una migliore contestualiz-
zazione è indicata la prima edizione in lingua originale.

Marc AUGÉ (2002) *Il dio oggetto*, Meltemi, Roma (*Le dieu objet*,
Flammarion, Parigi 1988)

Jurgis BALTRUSAITIS (1981) *Lo specchio. Rivelazioni, inganni e science-
fiction*, Adelphi, Milano (*Le miroir: révélations, science-fiction et
fallacies*, du Seuil, Parigi 1979)

Roland BARTHES (1994) *Miti d'oggi*, Einaudi, Torino (*Mitologies*, du
Seuil, Parigi 1957)

George BASALLA (1991) *L'evoluzione della tecnologia*, Rizzoli, Milano
(*The Evolution of Technology*, Cambridge University Press, New
York 1988)

Salvatore BATTAGLIA (sotto la direzione di), *Grande Dizionario della
Lingua Italiana*, Utet, Torino (1961-2002)

Jean BAUDRILLARD (1991) *Cool memories. Diari 1980-1990*, SugarCo,
Milano (*Cool memories, I et II*, Galilée, Parigi 1990)

Walter BENJAMIN (2000) *L'opera d'arte nell'epoca della sua riproducibilità tecnica*, Einaudi, Torino, (*Das Kunstwerk im Zeitalter seiner
technischen Reproduzierbarkeit*, Paris, 1936)

Peter M. Bergman (1968) *The Concise Dictionary of 26 Languages*, Signet Books, New York

Marisa Bertoldini (a cura di) (2006) *Esprit Sphérique*, Charta, Milano

Hans Biedermann (1999) *Enciclopedia dei simboli*, Garzanti, Milano (*Knaurs Lexikon der Symbole*, Knaur, Monaco 1989)

Valter Boggione e Lorenzo Massobrio (2004) *Dizionario dei proverbi*, Utet, Torino

Italo Calvino (1984) *Collezione di sabbia. Emblemi bizzarri e inquietanti del nostro passato e del nostro futuro gli oggetti raccontano il mondo*, Garzanti, Milano

Italo Calvino (1988) *Lezioni americane. Sei proposte per il prossimo millennio*, Garzanti, Milano

Bruce Chatwin (1989) *Utz*, Adelphi, Milano (*Utz*, Jonathan Cape, Londra 1988)

Bruce Chatwin (1996) *Anatomia dell'irrequietezza*, Adelphi, Milano, (*Anatomy of Restlessness*, Penguin, Londra 1996)

Albert Dauzat et al. (1971) *Nouveau dictionnaire étymologique et historique*, Larousse, Parigi

Mary Douglas e Baron Isherwood (1984) *Il mondo delle cose*, Il Mulino, Bologna (*The World of Goods*, Basic Books, New York 1979)

Günther Drosdowski (1989) *Das Herkunftswörterbuch. Etymologie der deutschen Sprache*, Dudenverlag, Mannheim

Agostino Fantastici (1994) *Vocabolario di Architettura* (1845), Cadmo, Siena

Ernesto FERRERO (1972) *I gerghi della malavita dal '500 a oggi*, Mondadori, Milano

Maurizio FERRARIS (2008) *Il tunnel delle multe. Filosofia degli oggetti quotidiani*, Einaudi, Torino

Federico FILIPPI (a cura di) (1969-1979) *Dizionario d'ingegneria*, Utet, Torino

Gustave FLAUBERT (1964) *Boubard e Pécuchet*, Einaudi, Torino (*Bouvard et Pécuchet*, 1880)

Michel FOUCAULT (1978) *Le parole e le cose. Un'archeologia delle scienze umane*, Rizzoli, Milano (*Les mot set les choses*, Gallimard, Parigi 1966)

Franca FRANCHI (a cura di) (2007) *Locus Solus. L'immaginario degli oggetti*, Bruno Mondadori, Milano

James G. FRAZER (1990) *Il ramo d'oro. Studio della magia e della religione*, Bollati Boringhieri, Torino

Tomaso GARZONI (1996) *La piazza universale di tutte le professioni del mondo*, Einaudi, Torino (*La piazza universale di tutte le professioni del mondo, nuovamente ristampata & posta in luce. Aggiuntovi alcune bellissime Annotazioni a discorso per discorso... inc.* Somasco, Venezia 1595)

ISIDORO DI SIVIGLIA (2006) *Etimologie o origini*, ed. critica con testo a fronte a cura di A. Valastro Canale, Utet Libreria, Torino (*Etymologiae seu origines*, 624-636 d.C.)

Immanuel KANT (1998) *Osservazioni sul sentimento del bello e del sublime*, Fabbri, Milano (*Beobachtungen über das Gefühl des Schönen und Erhabenen*, 1764)

Bruno LATOUR (1993) *La clef de Berlin*, La Découverte, Parigi

André LEROI-GOURHAN (1977) *Il gesto e la parola*, Einaudi, Torino (*Le geste et la parole. Technique et langage*, Albin Michel, Parigi 1964)

Claude LÉVI-STRAUSS (1964) *Il pensiero selvaggio*, il Saggiatore, Milano (*La pensée sauvage*, Plon, Parigi 1962)

Giulio MACCHI e Maria VIALE (a cura di) (1987) *Lo specchio e il doppio. Dallo stagno di Narciso allo schermo televisivo*, Fabbri, Milano

Vittorio MARCHIS (2005) *Storia delle macchine. Tre millenni di cultura tecnologica*, Laterza (2ª ed.), Roma-Bari

Vittorio MARCHIS (2006) *Smell. Vizi e virtù nel mondo degli odori*, Utet Libreria, Torino

Marcel MAUSS (1965) *Teoria generale della magia e altri saggi*, Einaudi, Torino (*Sociologie et anthropologie*, Presses Universitaired de France, Parigi 1950)

Michela NACCI (a cura di) (1998) *Oggetti d'uso quotidiano. Rivoluzioni tecnologiche nella vita d'oggi*, Marsilio, Venezia

Francesco ORLANDO (1993) *Gli oggetti desueti nelle immagini della letteratura*, Einaudi, Torino

Bina PAGANO (2004) *Bottoni*, Federico Motta, Milano

Georges PEREC (1986) *Le cose. Una storia degli anni sessanta*, Rizzoli, Milano (*Les choses. Une histoire des années soixante*, Juillard, Parigi 1965)

Raffaele PETTAZZONI (1991) *Quando le cose erano vive. Miti della natura*, a cura di Giovanni Filoramo, Utet Libreria, Torino

Ottorino PIANIGIANI (1988) *Vocabolario etimologico della lingua italiana*, 2a ed., I Dioscuri, Genova, http://www.etimo.it

Pour l'objet (1979) in: Revue d'esthétique, n. 3-4, Union Générale d'Editiona, Parigi

Raymondo QUENEAU (1981) *Segni, cifre e lettere e altri saggi*, Einaudi, Torino (*Bâtons, chiffres, et lettres*, Gallimard, Parigi 1950; *Bords*, Hermann, Parigi 1963)

Olivier RAZAC (2001) *Storia politica del filo spinato*, Ombre Corte, Verona

Alain REY (a cura di) (1992) *Dictionnaire historique de la langue française*, Le Robert, Parigi

Cesare RIPA (1986) *Iconologia*, a cura di Piero Buscaroli, con prefazione di Mario Praz, Fògola, Torino (*Nova iconologia nella quale si descrivono diverse imagini di virtù, vizi, affetti, passioni umane, arti, discipline, umori, elementi, corpi celesti, provincie d'Italia, fiumi, tutte le parti del mondo, ed altre infinite materie*, ampliata ultimamente dallo stesso auttore di trecento imagini, Pietro Paolo Tozzi, Padova 1618)

Bona SCHMID (1993) *Non solo slang*, Sansoni, Firenze

Francesca RIGOTTI (2002) *Il filo del pensiero. Tessere, scrivere, pensare*, il Mulino, Bologna

Francesca RIGOTTI (2004) *La filosofia delle piccole cose*, Interlinea, Novara

Daniel ROCHE (2002) *Storia delle cose banali. La nascita del consumo in Occidente*, Editori Riuniti, Roma (*Histoire des choses banales. Naissance de la consommation dans les sociétés traditionelles*, Fayard, Parigi 1997)

José SARAMAGO (1997) *Oggetto quasi*, Einaudi, Torino (*Objecto Quase*, Editorial Camino, Lisbona 1984)

Adriano SOFRI (1995) *Il nodo e il chiodo*, Sellerio, Palermo

Pier Giorgio Solinas (a cura di) (1989) *Gli oggetti esemplari. I documenti di cultura materiale in antropologia*, Editori del Grifo, Montepulciano

Pier Vittorio Tondelli (1990) *Un weekend post moderno*, Bompiani, Milano

Eugène Emmanuel Viollet-le-Duc (1999) *Encyclopédie médiévale. Tome 1 : Architecture* (1856), Bibliothèque de l'Image, Parigi

Serena Vitale (1995) *Il bottone di Puškin*, Adelphi, Milano

i blu

Di prossima pubblicazione

novepernove
Sudoku: segreti e strategie di gioco
D. Munari

Il ronzio delle api
J. Tautz

Perché Nobel?
M. Abate (a cura di)

ISBN 978-88-470-0816-8

€ 19,00

Finito di stampare nel mese di aprile 2008